# 十九世紀イギリス自転車事情

# 十九世紀イギリス自転車事情

坂元正樹
SAKAMOTO Masaki

editorialrepublica
共和国

一、本書では、自転車という語をbycycleの訳語としてだけでなく、velocipede (velocipedo)、cycle、wheelの訳語としても使用する。cycle（および wheel）は、一八八〇年代においてbycycleとtricycle（三輪車）とを総称する概念として使用されていた。また、とくにbycycleであることを強調したい場合には、二輪車という訳語を用いる。

一、同様に、サイクリストという語を、当時のcyclist(s)の訳語としてのみならず、bicyclist(s)およびtricyclist (s) の訳語としても使用する。

一、本書では、tricycleの訳語として三輪車を使用するが、四つ以上（五つ以上のものは稀）の車輪を持つものも、総称してtricycleと呼ばれていたことに留意されたい。さらに、前述のように、自転車という語を用いている場合、その中に三輪車が含まれていることもある。

一、日本語表現の便宜上、オーディナリ型（自転車）、セーフティ型（自転車）という表現を用いるが、英語表現では、ordinary (bicycle)、safety (bicycle) である。同様に～型という言葉を使用する。ミショー型、カンガルー型、といったような、代表的なモデルとそのフォロワーを指す場合の表現とは意味合いが異なる。

一、自転車のタイヤの大きさをインチで示す場合には、メートル法への換算表記を行なわない。また、距離表示のマイルについても換算表記を行なわない。一インチは約二・五二センチ、一マイルは約一・六キロ。

一、当時のイギリスの貨幣体系は、十二ペンスで一シリング、二十シリングで一ポンド、二十一シリングで一ギニーとなっている。当時の貨幣価値を、現代日本の貨幣価値へと一律に換算できるわけではないが、本書では読者の便宜を図るため、一ポンドを四万円、一シリングを二千円にあたるとして換算表記している。

十九世紀イギリス自転車事情

# 目次

# 序章

# 娯楽としての自転車——十九世紀自転車史概説

自転車は現代の我々にとって、もっとも身近な乗り物であり、安価で実用的な移動手段としてひろく普及している。もちろん、移動することを主たる目的とせず、趣味的にもしくはスポーツとして乗られている自転車も一定数存在し、とくに近年の日本では増加傾向にもあるが、自転車全体からみれば、少数派であることは疑いのないところであろう。しかし、自転車が発明され、改良されつつ普及していった十九世紀においては、自転車は実用的な移動手段ではなく、もっぱら趣味的な、娯楽もしくはスポーツの道具として使用されていた。

娯楽として人々の支持を集めることにより、商業的な成功を伴いつつ、技術的に大きく発展を遂げていき、実用物としての有用さが高まっていく、という発展をたどった事物は他にも多く存在する。自転車と近い時期に現れて、現代まで発展し続けているわかりやすい例としては、写真と映画や録音装置の発達などを挙げることができよう。歴史的にみると、余暇時間と経済的な余裕を手に入れる人々が増えていったことにより、娯楽の商業化が進み、技術や産業の発達にも大きく影響を与えるようになっていった。現代においてはひろくみられる、この娯楽と技術や産業の発達との結びつきが体現されたもっとも初期の例の一つが、自転車であった。

自転車といっても、本書で取り上げていくのは、現代とは大きく形状の異なるものが中心となる。一八八〇年代半ばのイギリスでは、前輪と後輪の大きさが同じで、ペダルを回してチェーンで後輪を駆動する形式の自転車が現れた。そして、この形式のものが、数年のうちに過去の形式の自転車にとって代わっていった。本書では、そのすみやかに駆逐されていった過去の形式の自転車、すなわち、オーディナリ型自転車（ordinary bicycle）と呼ばれる、前輪が大きく後輪が小さい自転車が一般的（オーディナリ）な自転車であった時代を中心に取り上げていく。そうした形態の自転車は、日本でもダルマ型自転車という愛称的名前で呼ばれ、その発祥の地イギリスにおいても、後にペニー・ファーシング（penny-farthing）という、大小二つの硬貨に由来する愛称が与えられ、懐かしみをもって振り返られる過去の乗り物とされている。だが、消え去った過去のものとして同様の懐かしみを持たれる、たとえば水車や馬車や蒸気機関などと比べると、前輪が大きな自転車は非常に短い期間にのみ存在したものであった。しかし、その短い期間、具体的には一八八〇年前後の十年ほどの間における、オーディナリ型自転車（および三輪の自転車）の普及発展は、後の時代へとも繋がるさまざまな技術的発展をもたらし、自動車産業へとも繋がっていく産業としての基盤を整えることとなった。

本書の主題となるオーディナリ型自転車の話に入る前に、ここで、その前後の十九世紀における自転車の歴史を、簡潔にではあるが、図版を交えながら概説しておこう。

自転車の歴史が語られる際には、多くの場合、一八一七年にドイツのカール・フォン・ドライスが発明したドライジーネ（図0－1）[1]と呼ばれる、足で地面を蹴って進む木製のものが、自転車の始祖とされる。たしかにこの乗り物は、前後に二つの車輪が並べて配置され、前輪をハンドルで操作するという、自転車を構成する重要な要素を備えているし、単なる試作的な発明品にとどまるものでもなかった。ドライジーネは一八二〇年代に欧米各地で販売され、乗り方教室まで開かれるような、一定の需要を生み出すに至り、ペダルを備える後の自転車の発明にも、大きな影響を与えた。しかし、一八六〇年代以降の、連続的な自転車変遷の歴史からは、少し外れた存在と言えよう。

現代へと直接的に続く自転車の歴史は、一八六三年にピエール・ラルマンが

図 0-1
ドライジーネ（ダンディー・ホース、1820 年代）

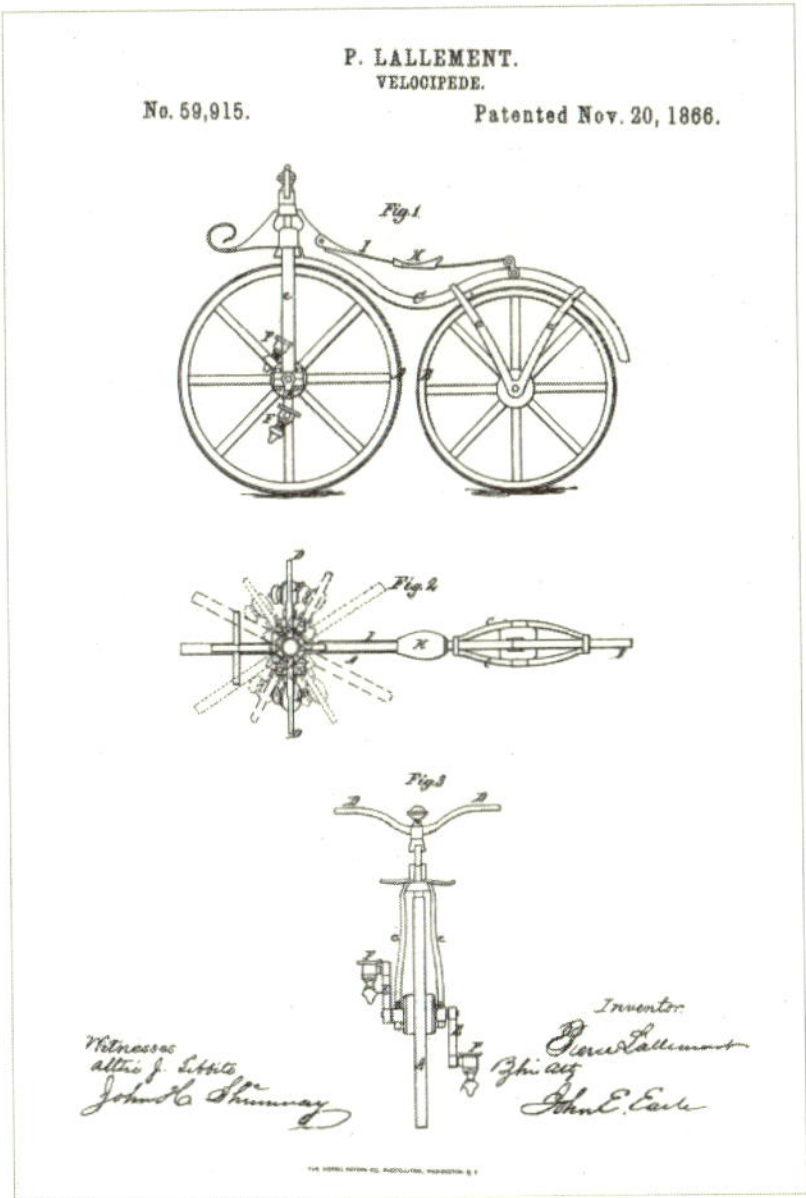

図 0-2
ヴェロシペード（1866 年）

ヴェロシペード（図0-2）と呼ばれる前輪をペダルで漕いで進む自転車を発明し、一八六〇年代後半にピエール・ミショーが本格的に製作販売をはじめたところから始まる。この形式の自転車は一八六七年のパリ万博で大きく知名度を上げ、木製から金属製へといった進化改良を進めつつ、売り上げを伸ばしていった。一八六〇年代後半には年に数百台以上が販売され、一八六〇年代末にはアメリカやイギリスでも同様のものが製作販売されはじめた。そして一八六九年頃にイギリスで、前輪が後輪に比べて著しく大きい自転車が製作販売され（図0-3）、後にそのタイプのものがオーディナリ型自転車と呼ばれるようになった。このタイプの自転車が、一八七〇年代の間に中空パイプフレームとベアリングの採用に代表される種々の技術革新を取り入れ、より実用的な乗り物へと進化し、自転車の標準的な形態として普及していくこととなる。

このオーディナリ型自転車は世界各地へと広まり、アメリカではハイ・ホイーラーなどと呼ばれ、日本でもダルマ型自転車と呼ばれ親しまれていった。この大人の肩までほどの高さを持つ大きな前輪を、現代の子供用三輪車のように直接ペダルをまわして進むオーディナリ型自転車は、しだいに愛好者を増やしていった。とくにその発祥地であり生産の中心地でもあったイギリスにおいては、一八八〇年代半ばには数十万人規模の愛好者が存在するようになり、社会的にも認知されるようになった。

しかし、普及がすすむにともなって、乗り物としての不安定さや危険性が取りざたされる機会も増え、前輪の大きさが控えめな自転車や、さまざまな形態の三輪の自転車（図0-4、5）なども生み出された。そして、一八八〇年代後半以降は、セーフティ型自転車（safety bicycle）(2)と呼ばれる、前輪がそれほど大きくない、もしくは前輪と後輪の大きさが同じ自転車が主流となっていった。一八八〇年代末頃には、新車として

図 0-3　「エアリアル（Ariel）」（1873 年）

図 0-4
「トライアンフ（Triumph）」三輪車（1881 年）

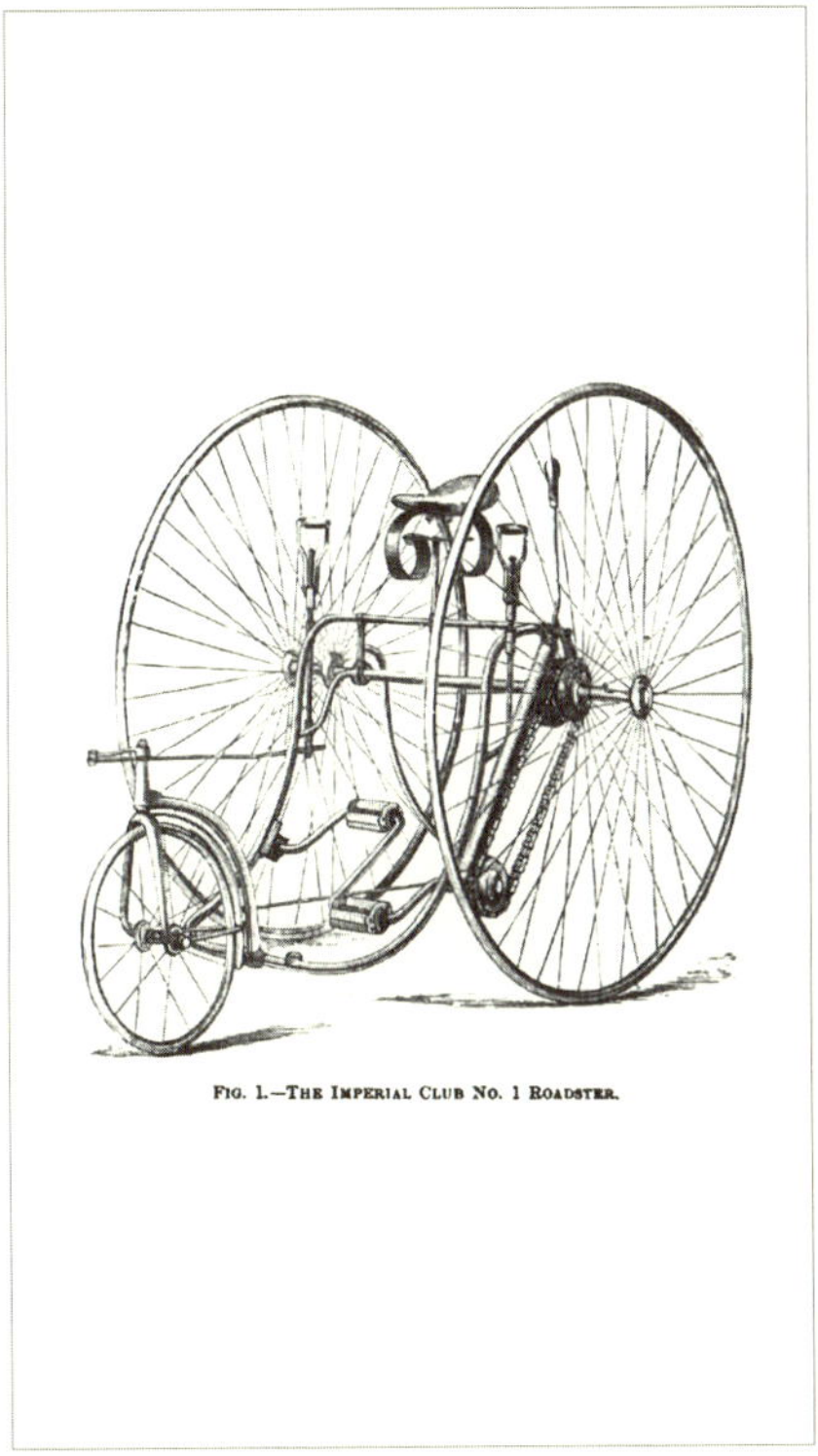


図 0-5
「インペリアル・クラブ・ロードスター No. 1」三輪車
（1884 年）

のオーディナリ型自転車の販売は、自転車全体の一割以下にまで落ち込んだ。(3)

セーフティ型自転車としてよく知られているのは、現代の自転車と同様の形態を持つ、前輪と後輪の大きさが同じで後輪をチェーンで駆動する、ローバー型セーフティ(4)(図0-6)である。しかし、一八八〇年代のイギリスにおいては、他にも様々な形状のセーフティ型自転車が存在した。ローバー型以外にも、図0-7のように、オーディナリ型と同様に前輪駆動ではあるが、駆動方法を工夫して前輪を四十インチ程度と小さくしたものが各種販売されていたし、ローバー型と同様に後輪をチェーンで駆動する形式の自転車でも、図0-8のように前後輪の大きさが異なるものなどもあった。

その後、一八八九年に空気入りゴムタイヤが実用化されると、それまで主流であった、車輪にゴムの板を巻いた形式のタイヤは速やかに姿を消していった。ただし、当初の空気入りタイヤは、高価な上に信頼性に劣っていたため、完全に定着するのには三、四年かかり、その間の一八九〇年代初頭には、ゴムクッション式タイヤと呼ばれる、空気の入っていない空気入りタイヤのような形状のタイヤが主に使用されていた。

こうした変化を経て、安全で乗りやすい乗り物となった自転車は、アメリカで大量に生産されはじめたことによって、価格も低下し、一八九五年から一八九六年にかけて欧米で爆発的なブームを引き起こした。この時期以降、それまで一部の好事家により愛好されていた自転車が、老若男女を問わず誰しもが楽しめるものとなっていったのである。さらに、二十世紀初頭に車輪を空回りさせるフリーホイール機構の採用が進み、現代の一般的な自転車に近い乗り物となった。

図 0-6
ローバー・セーフティ型自転車
（1887 年）

図 0-8
ハンバー社のセーフティ型自転車（1887 年）

図 0-7
クラヴィガー社のセーフティ型自転車（1887 年）

このような十九世紀自転車史の中から、本書では、一八八〇年代前後のイギリスにおける状況を詳細に検討していく。自転車の歴史を紐解くにあたって、この時代を主たる対象とする第一の理由は、趣味的楽しみとして自転車に乗るという行為が、この時期に数十万人という多くの人々が楽しむ娯楽もしくはスポーツへと成長していき、この後の時代のさらなる自転車の普及を基礎づけたということを、明確に示すというところにある。自転車が現代のような形になる以前の、前輪が大きな自転車の時代に、すでにレースや自転車旅行が盛んに行なわれ、多くの自転車旅行記やロードブックなどの自転車関連出版物が存在していたという事実を提示していく。そして、それらの事実を全体として把握することによって、本書のもう一つの目的へと近づくことが可能となる。それは、一八八〇年代のイギリスにおいて、なぜ自転車が現代のような形へと変化していったのかという疑問に対する回答である。この問いに単純明快な回答を示すことは、正しい歴史的知識に基づく行為とは言いがたい。前輪の大きなオーディナリ型自転車が、隆盛をきわめた後に、速やかに消え去っていった様子を詳細に把握することによって、はじめて、ローバー型安全自転車の出現と普及を、歴史的な必然として理解することが可能となるであろう。

くわえて、本書ではさらに、自転車の発展史と導入初期の自動車およびモーターサイクルの歴史とを、密接に関連付けていくという試みを行なっている。これまでの自動車史研究においても、その前史として自転車史への多少の言及はなされてきたが、ここでは、自転車の歴史を詳細に描いていくなかで、自動車史との関連を浮き彫りにしていく。そして、イギリスにおける自動車史の序論として、第七章では赤旗法の廃止とE・J・ペニントンという発明家に着目しつつ、当時のイギリスの人々および社会が、自動車に対してどのようなまなざしをむけていたのかということを描く。その直前の時期における、自転車をとりまく状況と合わせて見ていくことにより、導入期の自動車およびモーターサイクルがおかれていた状況をより深く理解することができるであろう。

# 第一章

# 自転車普及のはじまり——クラブ、出版物、製造者

この章では、一八七〇年代から九〇年代のイギリスにおいて、自転車が普及していく様子を、自転車クラブの発達、自転車関係出版物の状況、自転車の製造状況などから多面的に推測する。現代でも、正確な自転車人口を推測するのは困難である。ましてや、自転車がまだ一般的な乗り物となっていない時期には、生産や販売などについての信頼できる統計資料も存在しないため、そのような間接的な推測が有用となる。また、本書では当時の自転車に乗る人々のことを、サイクリスト（cyclist）と表記するが、一八八〇年代前半に、この表現が現れて定着していった過程についても示していく。

まず最初に、どの程度の数の人々が自転車に乗っていたのかについて、同時代の新聞や雑誌の記述を参照しておこう。たとえば『タイムズ』紙の記事では、一八七七年に約三万人、一八七八年には五万人と推測されており(1)、オーディナリ型自転車の最盛期とされる一八八四年には約三十万人(2)という数字が挙げられている。他の雑誌では、一八八五年における推測として、控えめなもので十万人以上(3)、多く見積もられたものでは四十万人のサイクリストがいるとされている。(4) その後、自転車が一般にひろまっていった一八九〇年代後半には、イギリス国内でおおむね百五十万人程度まで増加したと言われているが、当時のイギリスの人口が二千五百万人から三千万人程度であったことを考えると、その時点でも二十人に一人程度であり、オーディナリ型の最盛期では百人に一人程度にすぎない。だが、これらの時期の自転車は、日常の移動手段として用いられるものではなく、自転車人口のほぼすべてが現代でいうスポーツサイクリストであった。そのため、百人に一人という普及規模ですら、それほど小さくないとも言えよう。

サイクリストが数万人にまで増えた一八七〇年代後半には、自転車雑誌も創刊され、自転車クラブも多く設立された。一八七八年にはイギリス中のサイクリストをまとめる組織として、二輪車ツーリング・クラブ（Bicycling Touring Club　以下BTCと略記）も設立された。この組織は一八八三年に、三輪車愛好家の増加を主たる理由として、自転車ツーリング・クラブ（Cyclists' Touring Club　以下CTCと略記）に改称され、現代まで存続している。二十世紀初頭までのBTCおよびCTCの会員数の増減（表1－1）(5)をみると、一八八〇年代前半と一八九〇年代後半に、大きく会員数が伸びていることがよくわかる。

## 自転車クラブについて

BTCおよびCTCのような、全国的な自転車クラブは、数千、数万人の会員を擁し、サイクリスト全体をとりまとめ、サイクリストの地位向上や利便性向上などを主たる活動目的とするものだったが、これは自転車クラブとしては特殊な形態であった。

他の自転車クラブをみてみると、数百人の会員を擁するクラブもいくつか存在はしたが、多くは数十人程度以下の規模である。その活動内容は、各クラブによって、そして時期によっても異なるが、一八八〇年代前半以前には、休日などに集まって会合をもったり、レースや小旅行を催すといったことが主たるものであった(6)。各クラブは会則を持ち、(クラブによっては専用の)会合所を持ち、ユニフォームやクラブの歌なども積極的に作られていた。詳しくは次章でふれるが、オーディナリ型自転車の時代の自転車クラブには、大学の自転車クラブなどのレース競技に特化したクラブと、自転車を介した社交を主たる目的としたクラブとが存在していた。そして、大多数のクラブは、後者の性格を強くもつものであった。ここでは、そうした自転車クラブがいつごろ現れ、どのように増加していったかをみていく。

**表 1-1 ◉ CTC(BTC)会員数の推移**

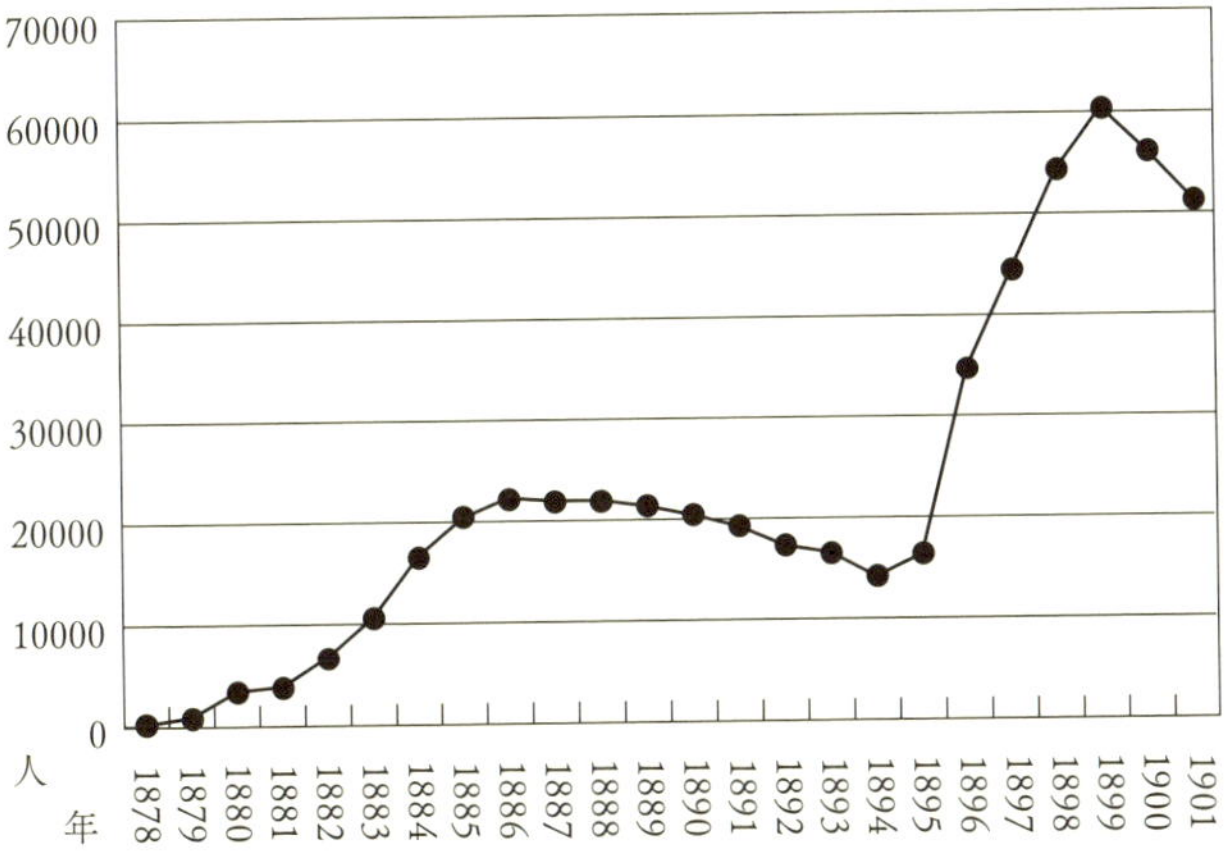


Lightwood(1928)の 274 頁に掲載の表より作成

車体にまたがって足で地面を蹴って進むドライジーネが自転車

であった一八二〇年代にも、レースが行なわれ、クラブも設立されていたようだが、一八六〇年代後半以降の、ペダルを漕いで進む自転車の時代との連続性はみられない。前輪の大きな自転車が作られだした一八六九年には、アストン・スター・クラブとリヴァプール・ヴェロシペード・クラブ(7)の存在が確認できる。しかし、後者は一八七四年までには、前者も一八七八年までには解散もしくは消滅していたため、翌一八七〇年にロンドンで設立され現在まで続いている、ピックウィック・バイシクル・クラブ(8)(以下、ピックウィックBCのように、バイシクル・クラブをBCと略記する)が、イギリス最古の自転車クラブとして挙げられることが多い。(9) 一八七四年の末までには十九の自転車クラブが設立されていた。そのうち八つがロンドンにあり、他はノーサンプトンに二つ、以下バーミンガム、ブライトン、ケンブリッジ、コヴェントリ、マンスフィールド、オックスフォード、ポーツマス、シェフィールド、ウォルヴァーハンプトンに一つずつ存在していた。(10)

その後、自転車の普及にともなって、各地に多くのクラブがつくられていった。同時代的な資料においては、自転車愛好者数の推計と同様、数字に幅がみられるが、その一例を挙げると、一八七四年の初めにはイギリス全体で二十五未満の自転車クラブしか存在しなかったが、一八七五年には五十のクラブが、そして、一八七六年には七十五、一八七七年には百五十、一八八〇年には六百もの自転車クラブが存在したとされている。(11) 他の資料では、一八七八年にはロンドンに六十四とその他の地方に百二十五のクラブが、一八八二年には百八十四と約三百五十のクラブが、そして一八八九年にはロンドンに三百と地方に二千以上のクラブがあったという記述もある。(12)それらのクラブの規模は、数人から数百人以上を有するものまで多様であった。

一八七九年に出版された『自転車年鑑一八七九年版』[13]には、二百三十五のクラブ（そのうち七十二がロンドンにある）が掲載されたリストがあり、代表者、住所、ユニフォームの色、設立年月日といった情報とともに、すべてのクラブに関してではないが会員数も書かれている。これによると、もっとも会員数が多いのはケンブリッジ大学のクラブで二百七十一人、次いでロンドンBCが二百五十人で、最も人数が少ないものでは、会員数三人と書かれているクラブがある。また、たとえばCTCと地元のクラブというように、性質の異なる複数のクラブに所属することも珍しくはなかった。一八七〇年代においては、三輪車の愛好家も普通の自転車クラブに所属していたが、一八八〇年代前半から半ばにかけての三輪車の普及が進んだ時期には、三輪車愛好家のみが集まるクラブも設立されていった。

一八七八年には全国的な組織として、すでにふれたBTC以外にも、自転車レースを統括するための組織として、バイシクル・ユニオン（後のナショナル・サイクリスト・ユニオン。[14]以下、BU、NCUと略記）が設立され、同年から国内選手権大会（National Championship）を主催していった。これ以前にも、アマチュア・アスレティック・クラブ（以下AACと略記）の主催の国内選手権大会が一八七一年から開催されており、他の団体によってプロを対象とした選手権大会も一八七〇年から開催されていた。[15]当時のアマチュアとプロの関係については第三章で詳しく述べるが、BUはすべてのサイクリストにとっての議会と言えるようなものを目指して作られ、[16]アマチュアのみが加盟することのできたBTCやAACとは異なり、プロも加盟することができた。道路改良運動などにみられるように、BU（NCU）とBTC（CTC）が同様の活動に従事することもあったが、基本的には、BUはレース活動を統括する組織として発展し、BTCは自転車の地位向上やサイクリング活動などをサポートする組織として発展した。NCUはレースの主催やルールの統一を進め、CTCはクラブハンドブックや各地の支部を通して、自転車旅行者に有用な情報を集め提供していった。

CTCの会員数は、一八八〇年代前半に大きな伸びを示しているとはいえ、一八八〇年代半ばには三十万から四十万人居たとも推測されているサイクリストのうちの、十分の一にも満たない。だが、なんらかの自転車クラブに加入していた人々の割合は、もっと多かったであろう。たとえば、一八八三年の『タイムズ』紙の記事では、ロンドンに約二百六十の自転車クラブが存在し、合わせて八千から九千人がごくかのクラブに参加しており、どのクラブにも参加していないサイクリストは二万人弱であると推定されている。[17] サイクリストが珍しかった地方部では、クラブに参加していた者の割合はこれ以上に高かったと考えられる。

サイクリストの数と自転車クラブの数は十九世紀を通して増加傾向を保ち続けていたようだが、自転車趣味においてクラブが果たしていた役割は、一八八〇年代後半にはすでに衰退傾向にあった。それは、先に挙げたCTCの会員数増減にもみてとれるが、一八八七年から一八九五年にかけて改訂を重ねながら発行されたバドミントン叢書の一冊『サイクリング』[18]におけるクラブに関する記述に、明確に現れている。一八八七年発行の初版において、すでに「サイクリングの発展初期においては、クラブにおける活動がとても大きな位置を占めていた」[19]とあり、すでに自転車クラブの活動が盛期を過ぎていたことが覗える。さらに、「一部の人々の間では、クラブが衰退していっていることへの危惧が表明されている」[20]とされ、一八九一年版においては、自転車クラブに関する章自体が削除されている。[21] この変化が、一八八〇年代後半のオーディナリ型からセーフティ型への移行とどのような関連があるのかどうかについては、さらに別の考察を必要とするが、オーディナリ型自転車の普及発展とともに発展し、その衰退と共に、もしくはそれを待たずに失われていった自転車趣味の形がある、ということは確かであろう。その詳細については第二章で述べる。

## 自転車関係出版物の発達と自転車を表す語の変遷

次に、自転車についての雑誌や書籍の出版状況についてみていく。オーディナリ型自転車出現以前においては、一八六八年から一八七〇年にかけて英米で十点以上の書籍といくつかの定期刊行物が出版されている。[22] 英語で書かれたものとしては、一八六九年にニューヨークで出された『ヴェロシペディスト』誌が最初の定期刊行物であるとされている。これらの多くはイラスト入りで、自転車の歴史や自転車の乗り方がその主たる内容であった。

オーディナリ型出現以降の自転車を対象とする定期刊行物は、一八七四年に創刊された年刊のものが二つ確認できる。[23] これらは書籍を含めても最初期のもので、その内容は、自転車の歴史、オーディナリ型二輪車の乗り方、整備方法、アマチュアおよびプロのレースの記録、身体訓練法、二輪車に乗る際の心構え、国内外の（文字情報による）ルートマップ、十九の自転車クラブの紹介とその会則、と細に入り多岐にわたっている。[24]

月間以上の定期刊行物は一八七五年の一月から三ヶ月間発行された『イクシオン』誌が確認できるもっとも古いものである。同年には他にも二点月刊誌が創刊されているがいずれも短命に終わっている。月刊誌はその後も毎年一点か二点創刊されているが、一八八〇年代までの期間では、自転車クラブの機関誌であった『BTC月報』[25]を除いて、どれも比較的短命に終わっている。

一八七六年の一月には、初の週刊誌『バイシクリング・ニュース』誌が創刊され、これは何度か名前を変えながら一九三九年まで続いた。[26]この年には他にも八月に『バイシクル・ジャーナル』という週刊誌が創刊され、これは一八七八年十一月まで続いた。その後創刊された雑誌では、二、三年以上続いた週刊のものがいくつかあり、『サイクリスト』[27]、『ホイーリング』[28]などのように二十世紀初頭まで発行され続けたものもあった。一八八〇年代半ばまでの期間においては、この二誌を含めて常時五誌程度の二輪車に関する週刊誌が発行されていた。一八八二、三年頃の発行部数は、もっとも多く売れていた『サイクリスト』で実売週六千部強と自称しており、この数は、他の全ての自転車雑誌を合わせた数より多いとされていた。[29]一八九〇年代半ばの自転車ブーム期になると、自転車愛好者が以前の五倍以上に増加したため、それにあわせて雑誌の出版も盛んになった。一八九〇年代後半には、週刊、月刊併せて少なくとも十七誌が存在し、『サイクリング』という週刊雑誌は、週四万一千部以上発行されていた。[30]ただし、これらの発行部数は、雑誌文化が盛んであった当時の状況からみると、それほど多いとは言えないのかもしれない。一般の娯楽週刊誌に目を向けてみると、一八八八年の時点で『ボーイズ・オウン・ペーパー』[31]が週十五万三千部、『ガールズ・オウン・ペーパー』[32]が週十九万部弱、『ティット・ビッツ』[33]が一八八三年の終わり頃で週二十万部、一八八〇年代末には三十五万部発行されていた。[34]とはいえ、こうした自転車専門でない雑誌にも、自転車についての記事が散見され、当時の自転車趣味の広がりを示す傍証ともなっている。

雑誌以外の書籍でも、一八八〇年頃からさまざまなジャンルのものが出版されている。具体的には、自転車についての総合的な入門書や解説書、自転車用のガイドブック、ロードブックもしくはロードマップ(35)、などといった実用的なものに加えて、自転車を題材にした小説や自転車に関する歌を集めた本などもあった。そうした各種の出版物の中で、特筆されるべきものとして自転車旅行記がある。詳細は第五章に譲るが、独立した単行本の形をとっているものだけをみても、一八七〇年代から八〇年代にかけて、英語で出版されたものが二十点以上確認できる。この時期においてもっとも有名で大きな反響を呼んだものとしては、一八八四年から翌年にかけてオーディナリ型自転車で世界一周を成し遂げた、トマス・スティーブンスの旅行記(36)を挙げることができる。その後一八九〇年代に入り、ロールフィルムを採用した、小型で安価な、簡単に撮影ができるカメラの登場とあいまって、自転車旅行記が多く執筆されていった。一八九〇年代においては、少なくとも三十五種類の自転車旅行記の出版が確認できる。

また、先に触れたような年刊の出版物の中には、総合的自転車ハンドブックだけでなく、H・H・グリフィンによる『バイシクル（トライシクル）・オブ・ザ・イヤー』(37)シリーズのように、各種メーカーの製品を選別掲載し、詳細な解説を付している自転車購入ガイドブック的な出版物もあった。このシリーズは、『バザール』誌(38)で自転車の記事を担当していたグリフィンの手により、一八七七年から、おそらく一八九二年までほぼ毎年(39)編纂されたもので、多くのメーカーの製品が紹介され、いくつかの車種については外観図やパーツの図解も掲載されていた。他にも、より詳しく網羅的に現行販売製品や各種パーツについて解説している年刊の書物として、『サイクリスト』

誌の編集者を長く務めたヘンリー・スターメー[40]による、『インディスペンシブル・ハンドブック』シリーズがあった。[41]

三輪車専門の雑誌としては『トライシクリング・ジャーナル』誌[42]と『トライシクリスト』誌[43]の二つの週刊誌があり、前者はロンドンで、後者はコヴェントリで発行された。三輪車には女性の愛好家も存在していたため、これらの雑誌には女性向けの記事も掲載されていたが、女性サイクリストを主たる対象とした雑誌となると、一八九〇年代半ばの『レディー・サイクリスト』誌[44]を待たねばならない。三輪車のみをとりあげている雑誌や書籍となると数は少ないが、三輪車愛好者が多くいた一八八〇年代には、自転車(cycle, cycling)といえば二輪車と三輪車の両方を指すのが普通であったため、三輪車についての記述を含んだ出版物も多かったと考えられる。とりわけ一八八〇年代の自転車旅行記においては、ペンネル夫妻[45]による一連の書籍のように、三輪車での旅を描いたものも多い。[46]

イギリス以外の他国における自転車雑誌出版状況に目を向けると、まずミショー型の時代の一八六九年に、自転車に関しての定期刊行物がアメリカとフランスで創刊されている。[47]オーディナリ型自転車に関するものとしては、アメリカでは一八七七年に、フランスでは一八八〇年、ドイツでは一八八一年に、それぞれいずれも隔週刊誌が創刊されている。

自転車関係の誌名、書名を概観すると、一八八〇年頃まではバイシクル(bicycle および bicyclist, bicycling)という語が目立つが、それ以降はホイール(wheel および wheeler, wheeling)[48]やサイクル(cycle および cycling, cyclist)といった言葉にとって代わられる。また、バイシクルからサイクルへと置き換わった他の例としては、もっとも多くの会員を得ていた自転車クラブであるBTCの名称変更を挙げることができる。これは一八八三年に会員投票による多数決を経てCTCへと変わっている[49]。

一八八四年の『タイムズ』紙[50]の記事でも述べられているように、当初サイクリスト（cyclist）は二輪車乗り（bicyclist）と三輪車乗り（tricyclist）を総称して呼ぶための語であった。三輪車が廃れた後も、バイシクルという語は引き続き使用されたが、その派生語（bicyclist や bicycling）が復活することはなかった。サイクリストやサイクリングといった語自体は三輪車の普及以前から使われてはいたが、当初はバイシクリストやバ

**表1-2◉『タイムズ』紙における単語出現数の推移**

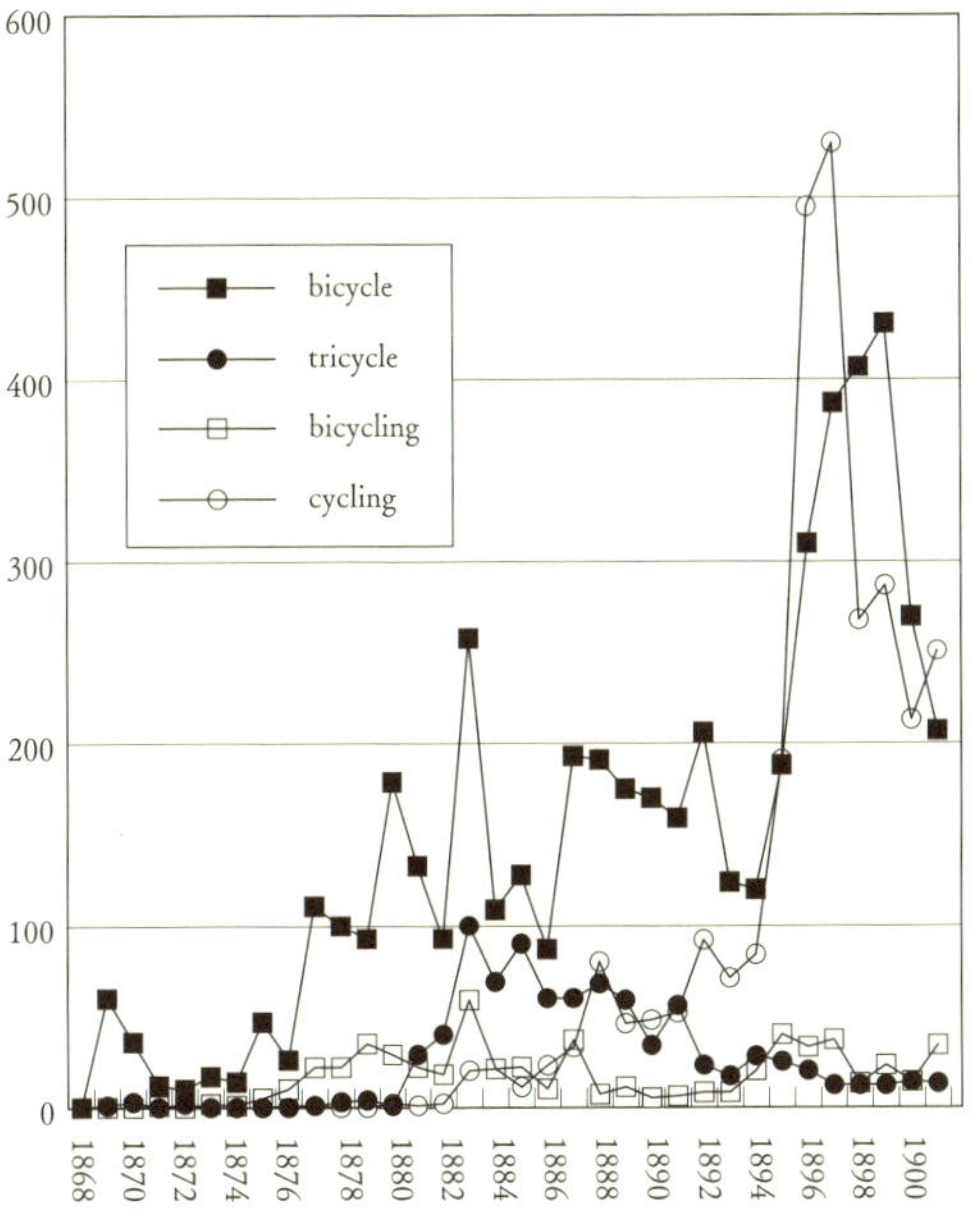


“Times Archive | Online Newspaper Archive of The Times from 1785-1985” を使用して作成（2009年6月27日確認）

イシクリングのほうがより一般的に使用されていた。

そのような自転車を指し示す言葉の移り変わり、そして三輪車の盛衰を定量的に見ることのできる資料として、『タイムズ』紙における一八七四年から一九〇〇年までの各語の使用回数検索をまとめた表を示す（表1-2）[51]。

この資料で見る限り、一八八六年から一八八七年頃にバイシクリングからサイクリングへの移行が進んでいるようである。これはちょうどセーフティ型自転車が普及し出した時期でもある。とはいっても、バイシクルがオーディナリ型自転車をあらわし、サイクルがセーフティ型自転車をあらわしていた、というわけではない。オーディナリ型とセーフティ型が混在していた、一八八〇年代半ばから後半にかけての時期には、サイクルとバイシクルは混在して使用されていた。

たとえば、一八八〇年代後半から出版が始まった、各種スポーツを各巻ごとに解説した全三十三巻のバドミントン叢書の自転車についての巻の書名は『サイクリング』であった。これは一八八七年に初版が出版され、一八九四年の第四版まで版を重ねて、一八九五年に新装版として第五版がでている。初版から第四版までは細かい部分での内容の改定はされているものの、記述の中心はオーディナリ型自転車にあり、一八九五年の第五版において、セーフティ型自転車についての本へと改訂される。この移行は世の趨勢からみると数年遅れたものであるが、ここで指摘したいのは一八八七年に『サイクリング』という書名で、オーディナリ型自転車に関しての大部の本を出したという点である。

三輪車については、一八八一年頃から一般的なものになり、一八八三年から八五年に盛期を迎え、九〇年代に入り衰えはじめ、九〇年代後半には廃れた、という状況の変遷がこの『タイムズ』紙についての資料からも見て取れる。[52] これは、他の資料から読み取れる状況とも符合する。

また、この表にはあわせて記載することができなかったが、同様にヴェロシペード（velocipede もしくは velocipedo）という語を検索してみると、一八六八年の八月頃から記事が増えはじめ、一八六九年から翌年にかけて多くの記事をみつけることができる。その後は一八七〇年代には年に数件程度ずつ確認されるが、一八八〇年代に入るとほぼ使用されなくなる。ヴェロシペードという語については、オーディナリ型という新しい形の自転車の登場にあわせて、古い自転車を表す言葉として消えていった、ということが確認できる。

## 自転車製造状況の変化について

最後にこの節では、自転車の製造状況について、年代ごとの量的質的変化と、主要生産地の移り変わりについてみていく。

一八七〇年前後までの時期のイギリスでは、ミショー型やオーディナリ型、そしてその中間的形態の自転車などが生産されていたようであるが、どの程度の台数が生産されていたのかについての詳細は不明である。一八七〇年にはバーミンガムで自転車を製作していたメーカーが十六あり、ウォルヴァーハンプトンとその近郊にも十のメーカーが存在し、他の都市にもいくつかあったとされている。[53] このころはフランスやアメリカからの輸入もあったと考えられ、台数的にはイギリス国内で生産されるものより多かった可能性も高い。

信頼に値する数字がでてくるのは一八七三年からで、一八七三年にオーディナリ型自転車を製作販売していたのはコヴェントリ・マシニスト社（Coventry Madninits' Co.）のみであり、その生産量も週に五台程度のものであった[55]。そしてその翌年の末には、知名度が高く信頼性の高いものを生産しているメーカーとして、前述のものを含む五社が挙げられており、他にも二流のメーカーがいくつもあると言われている[56]。当時の会社名鑑では一八七四年のコヴェントリに二社、一八七五年のバーミンガムに六社が確認できる[57]。またウォルヴァーハンプトンにおいて、一八六〇年代からミショー型や三輪車を製作していた会社のなかからも、コージェント・サイクル社（Cogent Cycle Co.）などのようにオーディナリ型でも質の高いものを製作するようになっていたところもあった[58]。

一八七〇年代から一八八〇年代を通して、当時の自転車メーカーには小規模なものも多く、正確な数を把握するのは困難であるが、一八七七、八年頃にはイギリス全体で百以上のメーカーがあった。比較的大きな工場が複数存在していたコヴェントリが生産の中心地で、十社程度のメーカーがあり、もっとも大きな工場では約百五十人の労働者を用いて週に約百三十台を生産していた[59]。グリフィンによる一八七七年版の自転車購入ガイドブック[60]の序文では、同程度の規模のメーカーが他に二社あり、三社あわせて約四百人、週産二百五十台から二百八十台程であるとしている。そして、コヴェントリに続く都市としてバーミンガム、シェフィールド、ロンドンを挙げ、他にはウォルヴァーハンプトンに小規模だが良いメーカーが多く見られると述べている。また、この本に載っているコヴェントリ・マシニスト社の広告を見ると、すでにロンドンにもオフィスを構えており、無料講習や自転車の有料での貸し出し[61]といったサービスがうたわれている。

一八八〇年代前半、コヴェントリではメーカー数の増加がそれほど見られなかったのに対し、バーミンガムでは五十社程度まで増加していた。(62) だが、一八八三年一月の『タイムズ』紙の記事によると、依然として生産規模ではコヴェントリのほうが上で、最大の工場では常時七百五十人程が働いており、コヴェントリ全体で五千から六千人が自転車産業に従事していたとされている。(63) 翌年六月の同紙の記事では、国内全体の自転車産業従事者が六千人から一万人程度と見積もられているので、(64) 相当なシェアを誇っていたことがわかる。これには、そのころ盛期を迎えていた各種の三輪車が、もっぱらコヴェントリのメーカーによって製作されていたことも大きく影響していると推測される。

その後一八九〇年代に入り、セーフティ型自転車が主流になってくると、生産地としてのコヴェントリの地位は低下しはじめる。(65) 一八九一年の時点では、コヴェントリで四千百人、バーミンガムで二千六百人、ウォルヴァーハンプトンで六百人、これらの周辺他地域で千人、(66) そして、ロンドンやノッティンガムなどその他の地域であわせて二千二百人が、自転車産業に従事していた。(67) さらにその後、二十世紀に入る頃には、コヴェントリにおける自転車産業は、モーターサイクルおよび自動車産業へと発展的転換をとげる。(68) それらの新産業への転換が進んだ一九一一年の時点においても、バーミンガムが九千三百五十人であるのに対し、コヴェントリが五千六百八十人であり、(69) バーミンガムへ自転車産業の中心が移ったとはいっても、引き続きコヴェントリにおいても自転車産業も盛んであった。とはいえ、この二十年の間に、コヴェントリの人口は約五万九千人から約十万六千人へと二倍近く増加しており、自転車産業はかつてほどの位置は占めていない。また、国内の自転車産業従事者全体に占める割合をみても、約三十五パーセントから、約十七パーセントへと半減している。(70)

ここで、都市別の自転車生産メーカー数の推移についてまとめた表を示しておく(表1-3)(71)。太字であらわした上五段の数字はグリフィンの自転車購入ガイドブックに製品が掲載されていたメーカーの数で、主要メーカーの数と言える。(72) この数字をみると、先にふれたように生産台数においてはコヴェントリが他の生産地を圧倒していたにもかかわらず、このガイドブックで紹介されているメーカーや車種の数においては、それほどの偏重はない。斜字で示した一八八三年の数字は、同年に出版された書籍に掲載されている二百二十車種の二輪車を生産していた百五十九のメーカーから(73)、他は、会社名鑑からの数字で(74)、零細メーカーなども含む(75)。

これらの数字と、先に述べた自転車産業に従事している労働者がコヴェントリに集中していたという状況とを考えあわせると、コヴェントリには大規模な会社が主に存在し、他の都市では小さな会社が多かった、ということがわかる。

メーカー数の推移からは、九〇年代半ばの自転車ブーム期を挟んでの増加が、ロンドンを筆頭に、各都市で二倍前後の伸びをみせていることがすぐにみてとれるであろう。そしてもう一つ目立つのは、バーミンガムとロンドンで顕著にみられる、一八九〇年前後のオーディナリ型自転車からセーフティ型への移行期における、メーカー数の大幅な増加である。ノッティンガムにおいても同様に、三倍近くに増加している。

この増加の要因は、国内需要の伸びの鈍化を補って余りあるほどの、アメリカ、フランス向けを中心とした輸出の好調、というところにまず帰せられるだろう。(76) そのうえで、ここで注目していきたいのは、それを可能にした状況の変化として、一八八〇年代において徐々に進行していたと考えられる、自転車を構成する各種部品の分業専

**表 1-3 ◉主要生産都市ごとの自転車生産メーカー数の推移**

| | バーミンガム | コヴェントリ | ウォルヴァーハンプトン | ロンドン | ノッティンガム |
|---|---|---|---|---|---|
| (1877) | **7** | **9** | **6** | **13** | |
| (1880) | **4** | **6** | **13** | **8** | |
| (1881) | **5** | **3** | **5** | **10** | **2** |
| (1886) | **7** | **14** | **3** | **11** | **1** |
| (1889) | **10** | **16** | **12** | **15** | **3** |
| 1878-82 | 43 | 14 | 17 | | 8 |
| 1883 | *14* | *19* | *26* | *35* | *7* |
| 1886 | 54 | | | | 13 |
| 1888 | | | | 54 | 15 |
| 1889 | 72 | | | | |
| 1890 | | 22 | | | 18 |
| 1891 | 114 | 42 | | | |
| 1892 | | 35 | 47 | | 33 |
| 1893 | 157 | | | | 42 |
| 1894 | 152 | | 56 | 152 | 42 |
| 1895 | 177 | 55 | | | |
| 1896 | 240 | | 84 | | 59 |
| 1897 | 309 | 75 | 97 | 390 | |

Griffin (1877, 1880, 1881, 1886, 1889), Spencer (1883), Harrison (1969), Boulton (1988) より作成

門生産が本格化した、という点である。

自動車ほどではないにせよ、自転車という製品も、数多くの部品から構成されている。ここまで挙げてきた自転車製作会社というものは、ごく一部を除いては最終的に各種の部品を組み上げて完成車として販売する会社である。一八七〇年代にオーディナリ型自転車が登場した当初から、バーミンガムやウォルヴァーハンプトン、そしてコヴェントリといった、ブラック・カントリー周辺の各都市[77]においてはもちろんのこと、シェフィールドやロンドンにおいても、バーミンガムを含むブラック・カントリーおよびその周辺地域で製造された鉄や鋼、そしてそれらから生産される各種部品を使用して、自転車は製作されていたのであろう。[78]川地博行『英米日の小銃・自転車・自動車産業』（二〇〇八年）で指摘されているように、バーミンガムを中心として十七世紀から育まれてきた小銃生産における、熟練職人による分業生産方式の伝統が、軍用小銃の進化によって行き場を失っていたところに、ちょうどはまったのが自転車産業であった。

その後、自転車産業が量的にも質的にも発達していったことにより、多くの特許が絡み合うようになり、また各部品においてより高い工作技術と精度が要求されるようになっていった。フレームを構成する鋼管や各部に使用されたベアリングのような、部品というよりは材料に近いような基本的なものから、ペダルやサドルといった、より複合的で完成品段階に近い部品へと、その流れは進んでいく。そしてバーミンガム・スモール・アームズ社[79]などの大きな会社が、自ら完成車を製作しながら、同時に部品を生産し販売するようになっていくのである。同社は一八八〇年に初めて自転車産業に参入し、最初はオットー型ダイシクル[80]を、後には自社開発のセーフティ型自転車や三輪車を製作販売していった。同時に、軍用小銃製作用に導入した工作機械を活用して、ボールベアリングなどを生産、供給した。一八八八年に小銃需要が回復すると、一旦自転車関連製品から撤退するが、一八九二年に再び参入して、ハブ、ボトムブラケット、チェーン、変速機などの各種自転車部品を生産した。

最終製品としての自転車が普及し、需要が増えるに伴い、新たなメーカーが参入し、各種部品においても完成車においても競争が激しくなる。その結果、より安く、信頼性が高く、そのうえ高性能で、他社の製品にはない魅力をもった製品が求められるようになっていったのであろう。もともと自転車自体が新奇なものであったのと、それなりに乗りこなすのが大変で危険を伴う乗り物でもあったため、乗り手＝買い手は、新しい製品に飛びつきやすい若い男性が多かった。そのため、正統的で高性能なオーディナリ型自転車だけでなく、さまざまな工夫が凝らされた、さまざまな形態の二輪車、三輪車が登場することとなる。もちろんその多くは販売不振に終わるわけだが、良いものであれば偏見なしに受け入れられやすい環境があったことは確かであろう。また、数年で買い替え需要が発生するということもあって、有力メーカー各社はいくつものグレードと豊富なオプションを用意し、毎年のように新モデルをカタログに載せるようになっていった。

自転車は多くの部品から構成される工業製品であったため、その当初からさまざまな業種の企業が、製作にかかわることが可能であった。たとえば、一八七〇年にバーミンガムで自転車を製造していた十六のメーカーの中には、銃やミシンを作っていた会社以外にも、リベット屋、型工（diesinker）、馬車鍛冶屋、車軸屋、家具屋、釣具（リール）屋などがあった。[81] その後、技術の発展と競争による淘汰が進んだことにより、専業のメーカーが中心となっていくが、産業規模が拡大し、部品ごとに異なる種類の高度な技術を必要としたことが、逆に多様な技術をもつ企業が参入しやすくなるという変化もあらわれてきた。不況の時代において本業が振るわないなか、たとえばコヴェントリのミシン(82)製造業者が、バーミンガムの小銃製造業者が、クロイドンの馬車製造業者が、それぞれの得意分野を生かして、自転車産業に参入していった。

中小のメーカーが増加したのは、一つには、高性能な部品が比較的安価に供給されるようになり、参入へのハードルが低くなっていった結果であると言える。もう一つ考えられることとしては、なんらかの自転車関連部品を供給する会社として、完成品を作っておらず、自転車関係以外のものも生産していた会社が、自転車メーカーを名乗ったということもあるであろう。セーフティ型が主流になると、部品の共通化はさらに進み、そのような傾向はさらに強くなった(83)。

オーディナリ型自転車の場合は、買い手の背の高さ（足の長さ）によって適切な前輪の大きさが変わるため、一つのモデルに何種類かの前輪が用意されていた。そして、前輪の大きさによって適切なフレームの形状が異なるうえに、乗り手に合わせて、サドルのとりつけ位置やクランクの長さ、そして後輪の大きさなども調整される必要があった。また、大きな前輪が自転車を構成する中心的な部品であったため、スポークやリムなども各社で特色を出すための場となりやすく、汎用化が困難であったと推測される。それに比べてセーフティ型では、空気入りタイヤの開発も伴って、前後輪が同じ大きさのものが主流となり、またフレーム形状において各社が独自の工夫を凝らすことが容易になったこともあり、ホイールとタイヤがより汎用的な部品へとなっていった。オーディナリ型からセーフティ型になって新たに採用された、チェーンやスプロケット（歯車）、そしてチェーンカバーや泥除けといった部品も共通化されやすく、汎用部品が大幅に増えていくこととなる。

また、自転車販売店においては、バッグやライトなどに代表される、自転車を直接構成する部品ではないが、付属部品に近い扱いを受け、自転車と同時に購入され取り付けられる各種アクセサリーの取り扱いが増えていく。スタンリー・ショウ（Stanley Show）のような自転車見本市においても、そうしたアクセサリーの出展が年々増加していった。こうした傾向も、自転車産業の裾野が広がっていくことに大きく寄与していた。

第二章

# 自転車趣味の展開——クラブと社交、娯楽

この章では、自転車に乗るという娯楽が、十九世紀のイギリス、とりわけ一八九〇年代半ばの自転車ブーム期より前の時期において、どのように変化していったかということについて述べる。

一八六〇年代末から一八七〇年代半ば頃にかけては、自転車というものが珍しい存在で、乗ったことがある人間も少なかったため、まず乗り方を習得するだけでも大変なことであった。前輪の大きなオーディナリ型自転車は、現代の自転車よりも乗りこなすのが難しいのに加えて、乗り方を指導してくれる人も乏しく、ここでとりあげていくような自転車入門書から乗り方を学ぼうとした人々も多かったであろう。

一八七〇年代後半に入ると、オーディナリ型自転車が乗り物として十分実用的な域まで進化し、自転車に乗る人も数万人にまで増えてきた。このころから一八八〇年代半ば頃までの期間は、短いが実りの大きい、オーディナリ型自転車と各種三輪車の全盛期であった。そしてこの時期は、前章でもふれたように、自転車クラブというものが、自転車趣味の中核となっていた時代でもあった。

だが一八八〇年代後半になると、状況は急激に変化していく。それまで自転車クラブの果たしていた役割が、急速に不要なものとされていくのである。この時期には、自転車の形自体がオーディナリ型からセーフティ型へと変化していくが、物としての自転車の形が大きく変化していったのと同時に、もしくは少し先立って、自転車趣味の内容が変化していった。それは、自転車を介した社交のありようの変化でもあった。

## 自転車入門書にみる乗り方講座[1]

自転車がイギリスに入ってきたばかりの一八六九年前後の自転車入門書を見てみると、どの本もまず一八一〇年代のドライジーネからはじまる自転車の歴史を概説し、そして乗り方の指導が書かれ、最後に著者が薦めるメーカーの自転車が紹介されている。自転車の呼び名は基本的にはヴェロシペードが使用されているが[2]、一部の本ではすでにバイシクルという表記も用いられていた。だが、後の時代に定着していく、ドライジーネや木製のミショー型をヴェロシペードと呼び、オーディナリ型以降の自転車をバイシクルと呼ぶという明確な区別は、まだ存在していない。

この時期には前輪の著しく大きい自転車はみられず、前輪が後輪より少し大きい程度であった。一例として、A・ミューアの『ヴェロシペード』[3]（一八六九年頃）に掲載されている図を示す（図2-1）。この本では、前輪が三十六か四十インチで後輪が三十か三十二インチのものが推奨されており、その程度の大きさのものが一般的であったようである。しかし同時に、この図にみられるように、この時期からすでに複数のタイヤサイズの自転車が販売されており、後のオーディナリ型自転車の場合と同

図 2-2
下り坂での足上げ乗車図解（ミショー型自転車）
（1869 年）

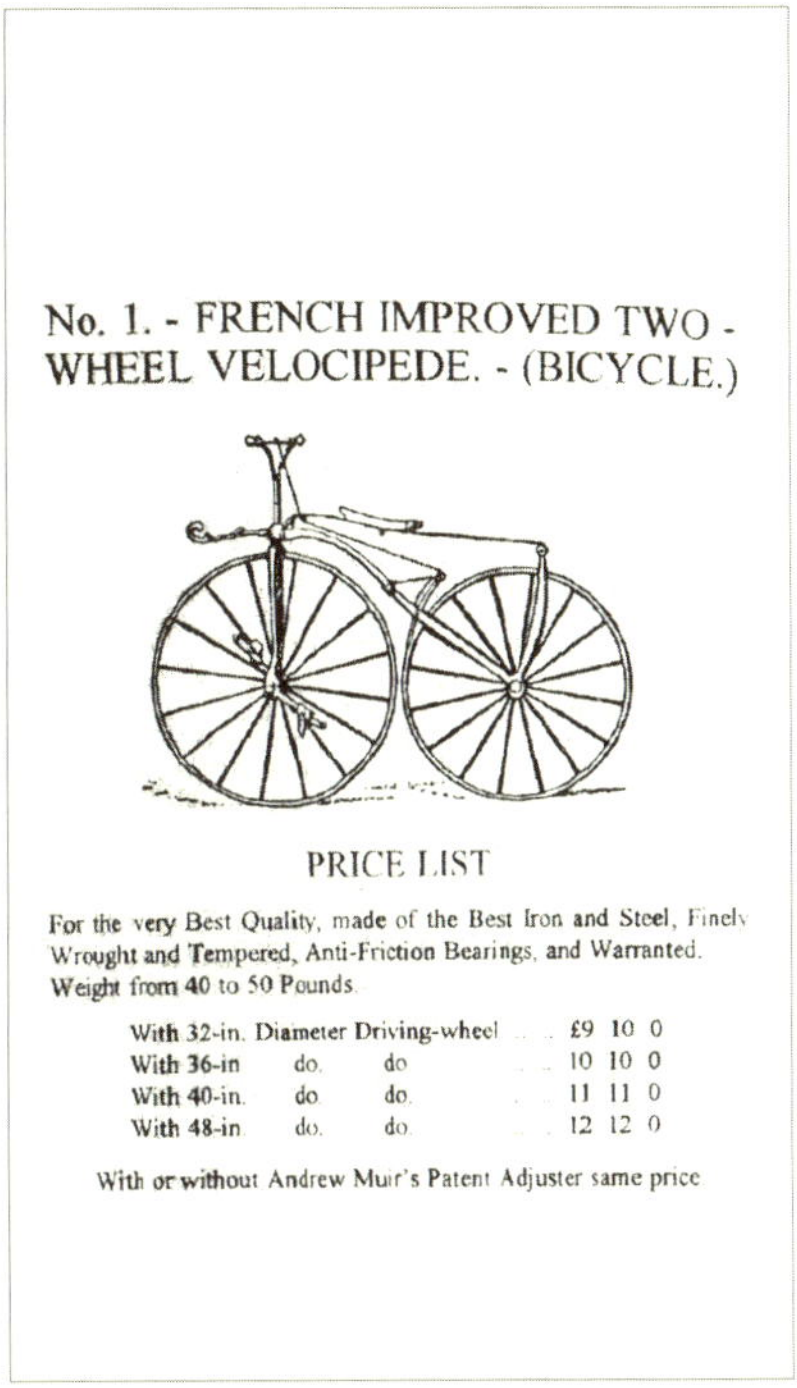


図 2-1
ミショー型自転車の広告（1869 年頃）

様に、乗り手の体格や足の長さに合わせた大きさの自転車を選ぶことができた。

乗り方の説明をみてみると、乗車して走り始めるまでの過程が、とくに過剰なまでに詳しく記述されている。まず最初に片足は地面につけて、もう片方の足をペダルに乗せるという、そのことだけに、少なくとも数行を費やしている。片足だけしかのせないように、ペダルに乗せた左足に力を入れないように、ペダルの位置（クランクの角度）は水平程度で、といった注意が続く。しかるのちに、左足を少し下に押し下げ、バランスをとりながら、ペダルを交互に回していく。早く進むほうがバランスを取りやすい。と記述は続いていく。

乗車開始時以外については、下り坂でペダルから両足を上げるという、この後の約三十年間、一八九〇年代末から二十世紀初頭にかけてフリーホイール[4]が自転車一般に採用されるまで続いたやり方についての解説が、図解付きで比較的詳しく書かれている（図2-2）。降車時については簡潔に、スピードを落として、両足同時にペダルから離して地面につけるとよい、とだけ書かれている。下り坂を走行する際の危険については、本によっては少し強めに注意が促されているが、後のオーディナリ型の時代にみられる記述と比べると、落車時の危険性についての言及は少ない。

五十インチ以上の前輪が普通のものとなっていったオーディナリ型と比べると、座る位置が低かったために、危険性がそれほど高くなかったのはもちろんだが、それだけではなく、この時期の自転車は、まだあまり速度の出る乗り物ではなかったというのも大きな理由であろう。ベアリングの性能[5]や工作精度の低さなど、推進力をロスする要素が大きかったことにくわえて、車輪が小さく、現代の自転車の感覚で言うとギア比が低かったため、乗り手がよほど強靭な体力とペダリング技術を持ち合わせていない限りは、高速で走ることが困難であったのである。ペダル一回転で進む距離で比較すると、現代日本のシティーサイクル（いわゆるママチャリ）ですら、六十インチの前輪をもつオーディナリ自転車並みであり、四十インチという大きさの前輪では、現代のロードバイクの一番軽いギアと同程度の駆動力しか得られなかった。(6)

前輪の大きなオーディナリ型自転車が一般的なものとなった一八七〇年代半ば頃には、自転車の入門書における乗り方の習得に関する記述は、より細かく長いものとなる。(7)まず前段で触れたような、前輪が三十六インチ程度の小さい自転車に乗る練習をすることが推奨されており、(8)その後に本来の目的のオーディナリ型自転車の乗車練習が始まる。そして、図2―3にあるように、友人に自転車を支えてもらいつつまたがり、そっと押してもらったり、緩やかな下り坂を利用したりして、バランスをとることに慣れる、といった段階を踏んだ後に、ようやくペダルを踏むこととなる。そこでは転倒、墜落の可能性と危険性についてもしつこいくらいにふれられている。

そのようにして人の助けを借りてなんとか乗れるようになったところで、次にあらためて、一人で乗車する練習をすることとなる。オーディナリ型自転車には、その高い座席に登り降りするために、後輪の上部あたりにステップもしくはちょっとした出っ張りが設けてある。ここに、図2―3のように、外側の足（左側から乗る場合は左足）を乗せて登り降りするのである。

なお、ここに挙げた図では後輪に沿う形でフレームから前方下の位置にあきらかにステップ状のものがあるが、こうした形のステップは、初期のものにしか見られない。(9)その後の時期の多くのオーディナリ型においては、よく見ないと気づかない程度の出っ張りがあるだけである。それすらも、レース用自転車などでは省略されている場合もあり、そうした自転車では、後輪に足をかけて乗車していた。ステップが省かれていったのは、合理的な理由としては軽量化のためとされているが、実際は見た目のシンプルさが好まれたのと、乗りにくくなることにより、上級者ぶることができる、という理由が大きかったのではないだろうか。自転車を購入する人たちの中に、すでにオーディナリ型自転車を所有している、自転車に乗りなれた人の割合が増えてきたということもあっただろう。

オーディナリ型自転車に乗ることは、このように特殊な技術を要し危険を伴うものであると述べられてはいたが、同時に、「乗馬やスケートや水泳より難しいものではなく、習得すればプロのジョッキーや徒歩旅行者と同様の、いや、それ以上の能力を得ることができる(10)」といった主張や、「こう言うと驚かれるかもしれないが、私は読者のみなさんに、自転車に乗ることは馬に乗ることよりも簡単で、伴う危険も少ないということを納得してもらうつもりである(11)」というような主張もなされている。これらは、サイクリストによる自転車びいきな主張であり、自転車という未知の乗り物に対する恐怖を、幾分かでも和らげようとした配慮から出てきたものではあるかもしれないが、少なくとも、乗馬技術を大人になって学ぶよりは簡単というのは、事実であったようである。

自転車の前輪が大きくなったことにより、旧来型の自転車よりも乗り方を修得するのは大変になったが、サイクリストの数が増えてきたことによって、こうした入門書やガイドブックだけを頼りに一人で練習する機会は減っていたと考えられる。ここで、練習に他の人の手を借りたり、アドバイスを受けたり、どこかから練習用の古い低い自転車を借りてきたりといった、自転車に乗る人同士の結びつきが重要な要素として

図 2-3
自転車乗車練習の図解（1874、1882 年）

立ち現れてくる。定期刊行の雑誌もまだなく、書籍も数えるほどしか出ていなかった状況では、乗り手同士直接の情報交換はより重要であったであろうし、現代のスポーツ自転車においても見られるような、自転車販売店を基点とした人と人との繋がりも形成されていったことであろう。そのような状況の中で、一八七七年頃には各地に自転車クラブが設立されはじめ、クラブの数とクラブに参加する人々が増加していった。

また、自転車の乗り方を習得する方法として、自転車学校に通うというものもあった。図2-4は『自転車年鑑一八七九年版』[12]に掲載された広告で、これまでに二千人以上がここで自転車の乗り方を習得したと書いてある。こうした所でも、サイクリスト仲間ができたかもしれない。

## 乗馬と自転車との関係

前節で引用したような、馬と自転車を直接比較する記述は、時代が進むにしたがってあまり目立たなくなってくるが、馬と自転車のどちらが早く走れるかということは、その後も自転車乗りにとって大きな問題であり続けた。とくに自転車が珍しかったころは、たまたま路上で馬に乗っている人と自転車乗りが遭遇して競争になるという光景も見られた[13]。また、馬に乗った警官から追われて逃げて振り切る、ということもあった。下り坂での優位もあり、路上での競争では自転車に分があったようだが、負けた話は語られにくいだろうし、実際のところは自転車乗りのほうが負けたということも多々あったと推測される。

もちろん、そういった素人同士による偶発的な競争だけでなく、一流の自転車レーサーと馬との正式なレースも行なわれていた。走路の状態など、各種条件によって結果が左右される部分も大きかったのであろうが、トップレーサー同士だとほぼ互角だったようだ。たとえば一八七八年には、J・キーン（John Keen）が二十マイルの競争で馬に勝利し、別のレースではD・スタントンが九マイルの競争で負けている。[14]その約十年後、セーフティ型への移行期においても、一八八七年の十一月に行なわれた、自転車乗りと騎手のプロとの競争が世間の注目をあつめた。双方二人ずつで組となって、それぞれ途中交代しつつトラックを各日八時間周回し、六日間かけて総走行距離を競った。両組は、抜きつ抜かれつの白熱した戦いを演じ、最終的には僅差で馬側の勝利に終わった。その模様は連日タイムズ紙で報じられ、最終日には二万人の観衆を集めたという。[15]

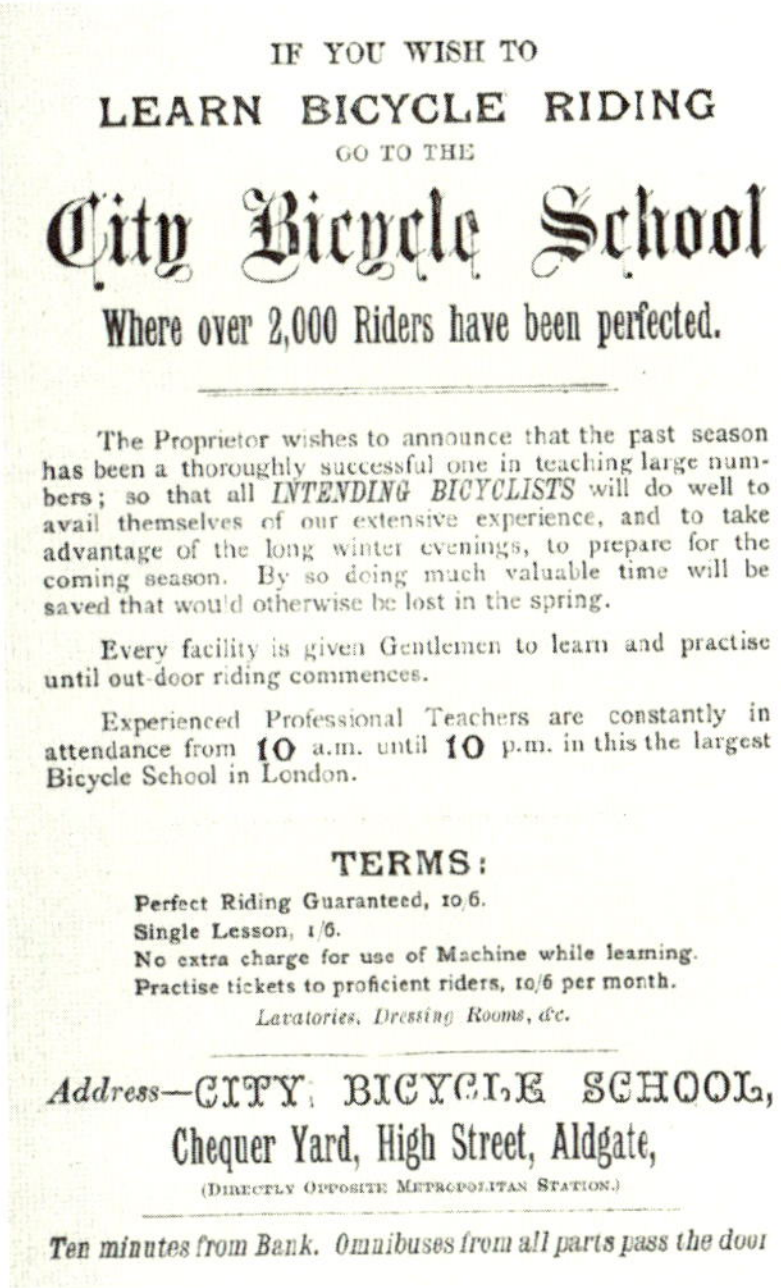


図 2-4
自転車学校の生徒募集広告（1879 年）

その後自動車が登場すると、馬も自転車も、自動車と競争することとなる。一八九六年の十一月に赤旗法の廃止を記念して行なわれた、ロンドンからブライトンへと向かう自動車の走行会[16]においては、多くの自転車乗りが自動車に競りかけ、振り切られていったという記述が散見される。また、初期の自動車の性能は、馬車や自転車よりも優れているかどうかが、一つの尺度となっていた。

前節でも述べたが、自転車に乗る技術の取得が馬より簡単であった、ということに関しては確かにそのとおりであったのだろう。自転車に乗るのが難しかったとはいっても、馬に乗ることと比べれば、習熟に要する時間と経験はあきらかに自転車のほうが少なく済み、だからこそ（もちろん維持費も含めたコストの違いということもあったが）、馬には乗ることができない新興中産階級の若者が好んで自転車に乗るようになっていったのである。

ただしここで留意する必要があるのは、この頃からの自転車乗りの中に、そういう者たちだけでなく、あきらかに馬にも乗れたと思われる貴族階級の人々も居たということである。一八七八年に開催されたBUによる最初の国内選手権大会で優勝したI・K・フォークナー[17]などがその筆頭である。彼はケンブリッジ大学の自転車クラブ設立時のメンバーでもあった。ケンブリッジ大学とオックスフォード大学の自転車クラブは、一八七四年から毎年対抗戦を行なっており、その対抗戦は当時の自転車競技会としてはトップレベルのものであった。両大学のクラブは、他の同時期から存在するクラブとともに、初期の自転車趣味や自転車クラブの形成に大きく影響を与え、アマチュアスポーツとしての自転車レースを牽引していくこととなる。

もちろん、そうした人々はサイクリスト全体からみれば少数派であり、増え続けるサイクリストのほとんどは、馬に乗れない階層の人々であったが、初期の自転車文化は、それまでの乗馬文化を引き継ぐかたちで発生し発展していった。奇しくも馬の背の高さと同じような高さにサドルをおくことになったオーディナリ型自転車に乗るという行為は、とりわけ一八七〇年代においては、たぶんに馬に乗ることの代償行為的側面もあったようである。馬の鞍を表わす語であったサドル（saddle）にまたがって、自転車に乗る（ride　これも馬に乗ることを表わす語が転用されたもの）という言葉自体も、当時は乗馬を強く想起させるものであった。そして、自転車クラブのメンバーで揃いのユニフォームを身に着けて、ハンティング・ホルン（hunting horn　狩りで使用されるラッパ）や軍隊ラッパ（bugle）の代わりに、自転車ラッパ（bicycle bugle）を使用して、隊列を整えて集団で遠乗り（club run, club ride）を行なったり、ミート（meet, bicycle meet）において集団で行進したりする姿は、キツネ狩りや騎兵隊の行軍をなぞったものと見られていたであろう。

## 自転車クラブの社交的側面

一八七〇年代の後半から一八八〇年代前半頃の自転車クラブにおける活動は、週末や祝日に行なわれる、クラブ・ラン（club run）と呼ばれる小旅行的集団走行会と、ミート（meet）と呼ばれるクラブ間の交流を目的とした集会とが、中心的なものであった。クラブ・ランの延長として、より少人数で長距離、長日程の自転車旅行が行なわれたり、ミートの延長として大々的な自転車レースが開催されたりするようになる。クラブによっては、たとえばサリー・チャレンジ・カップという十マイルレースで有名なサリーBCなどのように、レースの開催をその主たる活動とするところもあった。先に挙げた大学のクラブもその傾向があるが、そのようなクラブにはレース志向が強い自転車乗りが集まることとなった。[18]

この頃の自転車クラブのミートでは、レースの開催もその中に含まれてはいたが、主たる目的は、他のクラブの人間との交流、そしてクラブ同士の交流にあったようで、クラブの運営力や動員力を誇示しあう場でもあった。このイベントの基本的な流れとしては、幹事を務めるクラブの町に、各々のクラブの制服（帽子やガーターなど服装一式を含むユニフォーム）に身を包み正装した近隣のクラブの人々が集まり、公園や大通りなどでパレード走行を行ない、その後飲食を共にして歓談したり、レースを行なったりする、というものであった。純粋に交流を楽しむ場であったと同時に、普段の活動の成果を、他のクラブの人々や集まってくる観客に披露する場であったと言える。

地方の小規模なミートはローカル・ミートと呼ばれ、自転車雑誌や地元の地方紙に詳細なレポートが掲載された。何時にどこに集まり、どこを走行し、各クラブの参加人数はこれこれで、それぞれのキャプテンは誰で、各種レースの結果はこうだった、といったことが記事になった。自転車クラブの活動が活発だった時期には、ローカル・ミートが各地で頻繁に開かれ、多くの参加者を集めていた。[19] そうした活動は、ロンドンなどで行なわれていた、より大きな規模のミートが模倣されることによってはじまり、広まっていったのであろう。

自転車のミートとして最も有名なものは、一八七四年から毎年行なわれていったハンプトン・コート・ミートで、初回は八つのクラブメンバーによる五十人ほどの集まりにすぎなかったが、翌年は四百七十人以上の大きな集まりとなった。一八七七年には七十以上のクラブから二千人近くの自転車乗りが集まり、モンスター・ミートとまで呼ばれた（図2-5）。その後もさらに規模が拡大し、一八八二年には二百近くのクラブから二千五百人以上が集まった[20]が、そのうち四百十八名はどの自転車クラブにも属さないサイクリストであった。これはミートが自転車クラブのイベントにとどまらない広がりをみせていたことを示すデータではあるが、同時に、この時期にはすでに、揃いの制服を着用して行進するという行為が、過去のものへとなり始めていたことをも示している。

図 2-5
1877 年のハンプトン・コート・ミート（モンスター・ミート）の様子

ミートと合わせて、クラブの主要なイベントであったクラブ・ラン（もしくはクラブ・ライド）においても、少なくとも一八八〇年頃までは、ミートにおけるパレード走行の時と同様に、揃いの制服を着用し、隊列を組んで走行するのが常であった。集団での走行は、仲間と連れ立って走る楽しみが得られるのはもちろんだが、道中での怪我や体調不良、自転車の故障といった不測の事態へも、柔軟な対応が可能となる。路面も悪く、走行ルートに関する情報も乏しく、製品としての自転車の信頼度もそれほど高くなかった時期においては、個人でのサイクリングは大きな危険を伴う行為であった。経験の乏しい者にとっては、知識と経験豊かな者と連れ立って走ることによって経験を積み、サイクリストとして成長していくよい機会でもあったであろう。さらに加えて、いまだ自転車が路上での市民権を十分に得ていないこの時期においては、ただ自転車に乗って路上を走行しているだけで、石や棒を投げられたり、いわれのない危険運転や無謀運転の罪をきせられたりする恐れも存在していた。集団で走行することは、そうした被害を未然に防ぐのにも大いに役立った。複数人で走ることによって、事件があった際に互いに証人となれるというだけでなく、彼らは、揃いの制服を着用し、秩序だった走行をすることによって、他人に危害を加えるような危険な走行をしない立派なサイクリストである、ということを、周囲に誇示していたのであった。

クラブ員で集団走行する場合は、キャプテンが先頭に、副キャプテンが最後尾に位置し、小さなラッパ（bugle, bicycle bugle 図2-6）を携帯して、それを用いて合図や号令を出していた。ただしこのラッパは、一八七〇年代末にフットボール（サッカー）の審判用としてひろまり、八〇年代半ばには警官も使用し始める、より手軽なホイッスルへとすみやかに置き換わっていく。合図用のラッパなどを持つ以外にも、キャプテンや副キャプテンは他の者と一部違う物を身につけていた。たとえばクライストチャーチBCの場合は、キャプテンは他のメンバーと違う二本線の入った帽子をかぶっていたし[21]、他のクラブでも同様の工夫がなされていたようである。

こうした制服や帽子は、それなりに良い品質のものが使用されていたようで、それほど安いものではなかった。一八八〇年代前半頃のCTCで、制服一式として揃えるべきとされたもののリストとその価格を挙げておく（表2－1）[22]。三十二シリング（現在の日本円で六万四千円ほど）と最も高価なジャケットを筆頭に、こまごまとしたものがいろいろ必要とされており、これらを一通り揃えるだけで六ポンド（約二十四万円）はかかる。一般的なオーディナリの価格は十数ポンドであり、その他にライトやバッグやシクロメーターなど一般的に必要とされていたものを揃えると二十ポンド程度は必要になるとはいえ、それと比較しても安いものではない。

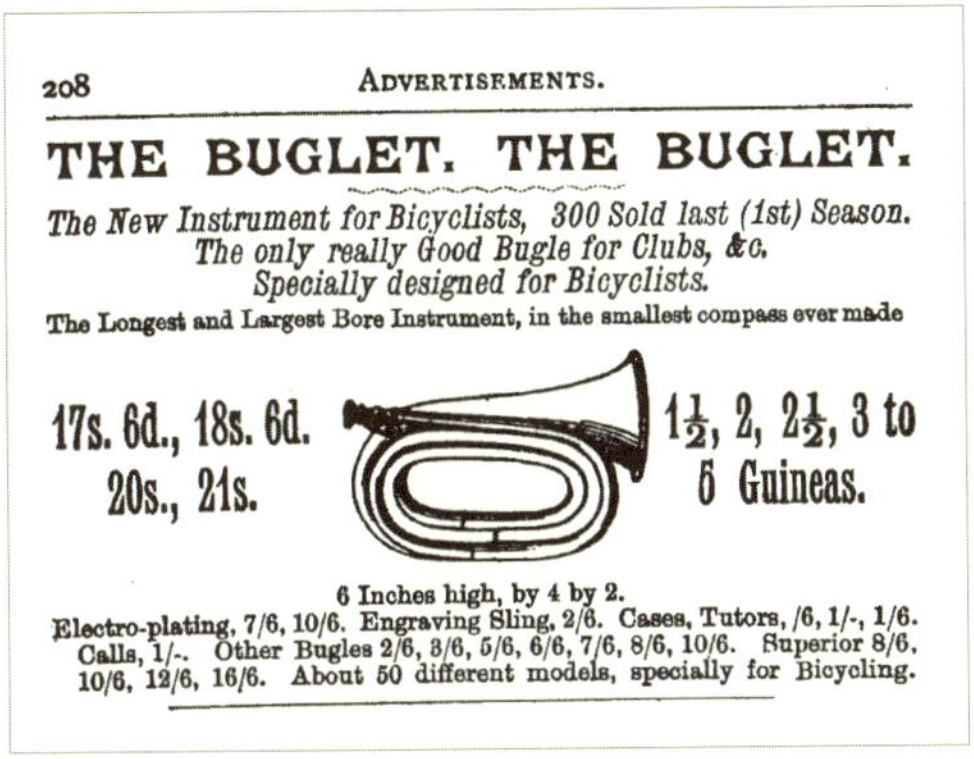
208 ADVERTISEMENTS.
THE BUGLET. THE BUGLET.
The New Instrument for Bicyclists, 300 Sold last (1st) Season.
The only really Good Bugle for Clubs, &c.
Specially designed for Bicyclists.
The Longest and Largest Bore Instrument, in the smallest compass ever made
17s. 6d., 18s. 6d. 20s., 21s.
1½, 2, 2½, 3 to 5 Guineas.
6 Inches high, by 4 by 2.
Electro-plating, 7/6, 10/6. Engraving Sling, 2/6. Cases, Tutors, /6, 1/-, 1/6. Calls, 1/-. Other Bugles 2/6, 3/6, 5/6, 6/6, 7/6, 8/6, 10/6. Superior 8/6, 10/6, 12/6, 16/6. About 50 different models, specially for Bicycling.

図 2-6
自転車用ラッパの広告（1879 年）

この他にも普段の社交にかかる費用などがあり、また年会費も必要であったため、自転車クラブに参加するということは、結構な金銭的負担を要するものであった。そうした理由からクラブには入らないが、ミートには参加したい、という層も生じてきたのであろう。ただ、そういったクラブに所属していない人々は、ミートでは少々肩身の狭い思いをする程度で済むかもしれないが、レースではオープン参加が可能な一部のもの[23]にしか参加することができなかった。クラブに所属していることが、アマチュアの資格確認ともなっていたからである。一八八二年頃の規定では、

**表 2-1 ◉ CTC が推奨する自転車用衣服類の価格表**

| シリング (s.) | ペンス (d.) | 品名和訳 | 品名 |
|---|---|---|---|
| 32 | 0 | ジャケット | Jacket |
| 16 | 0 | ブリーチ (乗馬用半ズボン) もしくはニッカボッカ | Breeches or knickerbockers |
| 10 | 0 | ウェストコート (ベスト) | Waistcoat |
| 11 | 6 | シャツ | Shirt |
| 8 | 6 | ゲートル | Gaiters |
| 4 | 6 | (やわらかい普段使いの) ヘルメット | Soft knockabout helmets |
| 6 | 6 | ヘルメット | Helmets |
| 4 | 6 | (CTC 会員用リボン付) 白麦わら帽子 | White straw hats ... with registered ribbon. Complete |
| 3 | 6 | リボン付麦わら帽子 | Straw hats with ribbon |
| 2 | 0 | (麦わら帽子につける) CTC 会員用リボン | Registered ribbon |
| 2 | 9 | ポロ競技用の帽子 | Polo caps |
| 5 | 9 | 鳥打帽もしくは中折れ帽 | Deerstalker or wideawake |
| 2 | 0 | (帽子に巻く日よけ用の) スカーフ | Puggarees for helmet |
| 4 | 0 | 長靴下 | Stockings |
| 3 | 3 | 手袋 | Gloves |
| 6 | 6 | 絹のネッカチーフ (三十五センチ四方、CTC 専用柄) | Silk handkerchiefs or Mufflers in club colours ... registered 14 ins square |

Alderson (1972) の 73、74 頁より作成

BTC（CTC）に入会するのにも何らかの形によるアマチュアであることの資格確認が必要で、自転車クラブに所属していない場合は、他のアマチュアスポーツクラブ二つ、もしくはBTCの会員二人からの紹介状か、BTCの評議員一人からの紹介状が必要とされていた。

クラブの年会費は比較的高めところで年十シリング程度、安いところではCTCの年会費並み（二シリング半）[24]と幅があった。これは専用クラブ・ハウスの有無によるところが大きかったようである。バドミントン叢書『サイクリング』の記述によると、アメリカの自転車クラブの多くはイギリスのものと違って会費が高く、専用クラブ・ハウスを持っており、イギリス人から見ると、自転車クラブというより社交クラブの性質が強いとされている。[25]

クラブ・ハウス（もしくはクラブ・ルーム）を持っていたクラブの例としてクライストチャーチBCを見てみると、[26]このクラブでは一八八一年の時点で十四シリングの年会費を徴収していた。クラブとしてもクラブ員一般をみても、金銭的に余裕があったためか、クラブ・ハウスの備品は充実が進み、その活動も自転車のみにとどまらない広がりをもっていた。たとえば、他のスポーツクラブとクリケットの試合をやって大敗したり、ガイ・フォークス・ナイト（Guy Fawkes Night, Guy Fawkes Day　イギリス各地で十一月五日に行なわれる祭）にクラブとして参加したり、音楽コンサートを開いたりと、多岐にわたる活動を行なっていた。クラブ・ハウスではカードやボクシング、フェンシングといった他のスポーツも行なわれ、そのなかでも特にビリヤードが人気を博し、クラブの備品として複数台のビリヤード台が購入されていった。イングランドではドーセット州のような南部の地域でも、冬季は自転車に乗るのに向かなかったようで、そのことも屋内遊戯に興じることとなった大きな理由であった。しかし、このクラブの人々はビリヤードに熱中するあまり、自転車への興味が薄れ、一八八三年頃には自転車よりももっぱらビリヤードをやるクラブとなり、翌年には実情に合わせて自転車をクラブ名から外したもの（The Twynham Club）へと改名し、自転車クラブでなくなってしまった。

　これは極端な一例かもしれないが、自転車という新奇なものに飛びついた人々が、別のまたなにか新しい娯楽へと流れていく、という現象はいかにもありそうな話である。自転車クラブという場においては、社交的要素は求心力であったと同時に、離心力ともなり得るものでもあった。

　仲間と連れだって走るという行為は、今も昔も自転車趣味の大きな楽しみのあり方ではあるが、自転車に乗る人が増えてくると、その仲間を求める場所としての自転車クラブの重要性は急激に低下していった。路面の改良や情報の充実、自転車に対する一般的認知度の高まりなどによって、単独でのサイクリングの危険性もしだいに薄れていった。そして、社交の道具として考えた場合、オーディナリ型の自転車は、他の娯楽物と比較すると、道具にお金がかかり、活動時期が制限され、怪我などの危険を伴い、女性が参加できないなど、いくつもの欠点をもつ娯楽であった。同時代にはやった身体的娯楽という範疇で比較しても、たとえばテニス、バドミントン、ピンポンなど、自転車よりも社交に適した娯楽が次々に現れてきていた。

　また、レース活動に重きをおいているような、自転車を娯楽というよりも身体的競技（スポーツ）[27]としてとらえる傾向の強い人にとっても、状況はほんの数年の間に大きく変化していった。自転車に乗る人が少ないうちは、ミートに付随して開催されるレースも貴重な機会であったであろうし、レース志向の人のみが集まるクラブはまだ少なかった。だが、自転車に乗る人が増え、競技レベルも高くなっていくと、ミートのような社交的要素を不要とする人たちもでてくることとなる。

さらに、自転車をスポーツとしてとらえた場合、そこで留意されるべき重要なことは、活動に際して他の人や特殊な場所を必要としない、という点である。一八八〇年代後半ごろには自転車専用のトラックなどが整備され始め、本格的にレースを行なう者はそうした場での練習も必要となってくるが、基本的にはどこでも一人で練習することができた。レース競技に参加することを目的とせず、ただ自転車で走ること自体を楽しむだけでも、娯楽そしてスポーツとして成立するのが、自転車であった。

そうした理由から、他のスポーツのクラブ、たとえば自転車クラブが増加していく以前から多く存在したフットボールやクリケットのクラブチーム、あるいは自転車と同時代的に多くのクラブが形成されたテニスやゴルフやスイミングなどとは、自転車クラブはまた違った状況に置かれていた。競技を行なう場や共にプレーする仲間や相手を必ずしも必要としないため、クラブという組織から離れた形で、サイクリストが増えていくこととなったのである。

## ミートからパレードへ

自転車の形がオーディナリ型からセーフティ型へと移り変わり、一八九〇年代半ばの自転車ブームを経た後の世紀転換期においては、自転車人口の伸びには追いつかないまでもCTCの会員数が大幅に伸び、また労働者のためのクラブ、女性のための自転車クラブなど、新たな種類の自転車クラブが設立され、多くの会員を擁するようになる。これは、自転車が安全で乗りやすい乗り物へと変わり、そしてさらに女性も好んで乗るようになったことによって、前時代に存在した欠点がなくなり、価格も以前の半分程度まで低下し、そのうえ健康によい、というプラスイメージが新たに付与されたからであろう。セーフティ型となった自転車は、改めて社交の道具としても有用なものとなったのである。

だがその頃には、一八八〇年前後の自転車クラブで行なわれていたような形の活動、すなわち、制服を着用してラッパ（もしくはホイッスル）で合図を出しながら隊列を組んで走行するようなことは、日常的には行なわれなくなっていた。そうした格式ばった行為は、急激に前時代的なものへとなっていったのである。クラブ・ランにしてもミートにしても、そのように呼ばれる行為や習慣自体は自転車趣味において受け継がれていったし、新たに出現してきた自動車やモーターサイクルの愛好家たちも、同様のイベントを行なうようになる。だが、そこには、初期の自転車趣味において人々が共有していたであろうと考えられる、騎兵隊の行進や、キツネ狩り（とそれに伴うハンティング・ミート）への憧憬の混じった、そして、それらをなぞるような意識は、もうほとんど存在しなかったであろう。

初期の自転車のクラブによるミートは、揃いの制服を着用して行進する姿を人々に披露する場であると同時に、その後に開催される食事会（dinner）やレースといった、自転車愛好家同士の交流をもつための場でもあった。しかし、一八八〇年代の後半には、行進部分の比重がより大きなものとなった会合が開かれるようになってきた。そこにおいても、自転車乗り同士の交流という意味合いがなくなったわけではなかったが、多くのサイクリストおよび観客を集めることに、より主眼が置かれ、自転車の曲乗りなどが披露されることもあった。そういった種類の会合は、ミートと区別してパレード（parade）と呼ばれるようになっていく。あくまでクラブが主催するイベントではあったが、クラブに参加していないサイクリストにも広くひらかれていた。

そのような自転車によるパレードの中でも、とくに人気が高く、一八九〇年代にアメリカを中心として広がっていったものとして、イルミネイティッド・パレード（illuminated parade）があった。これは、明かりをつけた自転車の集団が大通りを走っていくイベントで、一八九七年には、フィラデルフィアで一万五千台以上の自転車を集めたこともあった。[28] このころにはほとんどの参加者が自転車用のライトを使用しており、急激に増加していったサイクリストに対して、夜間の灯火使用をうながす、啓蒙活動

図 2-7
ハブランプ
（オーディナリ型の前輪車軸に取り付けて使用する、1887 年）

の一環という側面もあったようである。

イルミネイティッド・パレードがいつごろ行なわれだしたかはわからないが、一八八〇年代後半には、すでに記録が存在する。そのころのものは、昼間のミートやレースの後に行なわれ、百人や三百人といった程度の規模で、中国風もしくは日本風のランタンや提灯を一人でいくつも掲げて走っていたとされている。[29]

夜間走行用の自転車用ランプは一八七〇年代末から商品として存在しており、[30] グリフィンによる自転車購入ハンドブックの一八八一年版では、十四頁にわたって二十七種類の自転車用ライトが紹介されている。[31] それらのライトのほとんどは、ハブ・ライト（hub light）という種類のもので、前輪のハブ（車軸）から吊り下げて、すなわち、オーディナリ型自転車の大きな前輪の内部に、ライトを装着して使用していた（図2-7）。その後、一八八〇年代半ばには、オーディナリ型の車輪の幅が小さくなったことと、[32] 各種のセーフティ型自転車が登場したことにより、ハブ・ランプが使用できなくなり、ハンドルから吊り下げる形式のヘッド・ランプが主流となる。[33] しかし、ハンドルから吊り下げる重くて大きなランプは、ハブ・ランプと異なり自転車の操作性を大きく損なうものであり、サイクリストの不評をかうこととなった。

一八八〇年代後半のイルミネイティッド・パレードで、サイクリストが提灯を採用した動機を解明する資料は発見できていない。当時の欧米で、中国風もしくは日本風の提灯が一時的に流行していたということもあるのかもしれないが、ハブ・ライトが使用できなくなり、ヘッド・ランプが未だ大きく重かったこの時期だからこそ、提灯を灯りとして使用するという発想が出てきたのかもしれない。そして、こうした自転車による提灯行列は、日本で盛んに提灯行列が行なわれるようになる以前のものでもあった。日本において明治後期以降に盛んとなる提灯行列の起源については、正確にはよくわかっておらず、西洋のトーチライト・プロセッション（Torchlight Procession）の模倣として始まったとの説もある。(34) 同時代の日欧米の文献の詳細な検討によって、今後より正確な知見が得られることに期待したい。

ここまで自転車によるパレードについて取り上げてきたが、パレードは、もちろん自転車が登場する以前から存在していた。各種記念式典においては、馬車や馬、軍隊などのパレードが催されていた。イギリスで同時代的に著名な例としては、一八九七年のヴィクトリア女王即位六十周年を記念する式典、一九〇二年のボーア戦争祝勝式典などを挙げることができる。もっと小規模なものは各地で頻繁に行なわれていたであろうし、イギリス以外の欧米各国でもさまざまなパレードが開催されていた。自動車の導入期にも多く催され、イギリスにおける自動車による最初のパレードは、一八九六年十一月の赤旗法廃止を記念したロンドン・ブライトン・ライドの出発時に行なわれたものであった。これは、その後にそのまま競争するという点で特殊なものではあったが、各種記念式典におけるパレードと同様に、多くの見物客を集めた。

自転車によるパレードも、見物客を多く集めるイベントではあったが、他のパレードとは異なる性質を持っていた。それは、一つには開催に際してなんらかを記念するものではなかったという点であり、もう一つは自転車を持ってさえいれば誰でも行列に参加できたという点である。前者については、伝統的なパレードよりもサーカスのパレードに近いものであったと言えるであろうし、後者については、パレードではないが、トーチライト・プロセッションに近いイベントであったと言えるであろう。それら両方の性質を併せ持っていた自転車のパレードは、自転車に乗って参加する人々にとっても、観客にとっても、より身近で日常との近接性が高い、新たな形の娯楽を提供する場であった。

自転車での行進はミートからパレードへと変化していったが、観るもしくは見せるための行進であると同時に、参加することによって楽しむ行進であるという基本的な性質は維持され続けた。二十世紀に入り、自転車が珍しさを失っていくとともに、そうした行進は、人々を惹きつける力を失っていったが、十九世紀においては自転車に乗るだけで参加できる、きらびやかな行進であり続けた。この種のイベントは、本書で取り上げていくレースや自転車旅行記などとともに、サイクリストの増加に大きく寄与していたであろう。

## 自転車見本市、スタンリー・ショーの発展

本章の最後に、クラブの活動の特殊な一形態として、そしてまたサイクリストが参加できる娯楽の場として、自転車の見本市（サイクル・ショー、もしくはサイクル・フェア）について取り上げておこう。

自転車クラブを名乗る団体として、サイクリストの交流の場である以上に、他の役割を持つようになっていったクラブも存在していた。主催するレースが著名になっていき、クラブの存続する主目的となっていったクラブや、ロンドンのスタンリーＢＣ[35]やバーミンガムのスピードウェルＢＣのように、自転車見本市の主催が活動の中心となっていったクラブなどがそれにあたる。

スタンリーＢＣが主催するスタンリー・ショー（Stanley Bicycle Show　後に Stanley Cycle Show

と改名される）は一八七六年に始まり、一八八〇年代から一八九〇年代にかけて、大規模な自転車見本市へと成長していった。一八八二年にはそれまでのホルボーン・タウン・ホールから、より広いロンドンの王立農業会館(36)（Royal Agricultural Hall）へと会場を変更し、自転車の完成車だけをみても、一八八二年には四百三十三台、翌年(37)は五百二十二台が出展されている。一八八九年からはクリスタル・パレスを会場として(38)さらに規模を拡大し、その年は百八十五社の約千二百台が、翌年は二百三十社の千五百台以上が出展された。(39)こうした盛況と自転車産業の隆盛を受けて、一八九三年からは企業の連合体によって主催されるナショナル・サイクル・ショー(40)が始まり、最大の自転車見本市の地位と、会場としてのクリスタル・パレスとを奪われる形となったが、スタンリー・ショーも同程度以上の規模を維持し続けた。初めて両者の開催時期が重なった一八九三年十一月のショーにおいては、ナショナル・サイクル・ショーの出展数が千六百台以上であったのに対し、スタンリー・ショーも約千四百台の出展を集めることができた。スタンリー・ショーはその後も規模を拡大していき、一八九六年には四百三十三社が約二千五百台を出展するまでになった。

こうした自転車見本市は、規模が大きくなるにつれて、サイクリスト同士の社交の場としての色合いは薄れ、主として自転車メーカーの宣伝の場へと変化していった。しかし、自転車に興味を持つ人々が、多くの自転車やその付属品の実物を見て楽しむイベントとしては、より魅力の高いものへと成長していったとも言えよう。

スタンリー・ショーの移り変わりを見ていくと、その規模の拡大から自転車産業が発展していった様子がわかるが、同時に、出展されているものの変化から、自転車の主流の変化をみてとることができる。

たとえば、一八八三年には、二輪車二百三十三台に対し、三輪車二百八十九台と、三輪車の出展が二輪車を上回っており、この時期、三輪車の市場が二輪車をしのぐ勢いで伸びていたことがわかる。また、完成車における空気入りタイヤの採用状況を見ると、一八九〇年には千五百六十三台中二十台にすぎなかったものが、一八九五年には千五百九十一台中千五百八十八台とほぼすべてのものが空気入りタイヤを採用するようになっている。一八九〇年の時点では、旧来式の板状のゴムを車輪に巻きつけたものが主流であったのに対し、翌年にはクッションゴムタイヤという、中に空気は入っていないが中空構造を持つタイヤ、すなわち現在のタイヤより少し厚く、チューブを使わず空気も入れないで使用する形式のタイヤの採用が多くみられる。一八九一年の時点では、いまだ空気入りタイヤは全く信頼性に欠けるとされていたが、一八九二年には完成車への採用はまだ進み始めたところではあったものの、約四十社が空気入りタイヤを出展しており、市場を争うようになってきていた。

ただ、こうした見本市では、当時においても、現代の自動車ショーなどにみられるほどではないとはいえ、販売中の製品だけでなく、発売予定の新モデルやコンセプトモデルのような製品の出展も多かった。そのため、全体的な出展傾向から時代の雰囲気を読み取ることもできるが、出展されていた製品が、そのまま店頭で販売されていたと考えるのは早計である。当時の各社の販売カタログや広告などからは、一八九三、九四年頃でも、クッションゴムタイヤを採用した自転車が空気入りタイヤ付のものと併売されていたことがわかるからだ。

さらに、個別の出展物では、その年の目玉などと新聞や雑誌で絶賛されていても、その後鳴かず飛ばずで終わったものもある。一八八五年に登場し、一八八七年にはすでに「ローバータイプの新しいセーフティ型自転車」(41)といった表現が使われるようになるローバー社のセーフティ型などは、見本市での評判以上に好評を博して受け入れられていったが、それ以前に毎年のように登場していた新奇な形態の自転車の多くは、定着せずに消えていった。セーフティ型が主流になって以降は、新たな材質を採用したフレームが注目を集め、一八九四年には竹で作られた超軽量の自転車(42)が、一八九五年には一体成型のアルミニウム製のもの(43)が『タイムズ』紙で紹介されているが、どちらも一般的なものとはならなかった。

部品レベルでは、先に挙げた空気入りタイヤ以外にも、たとえば一八八三年には遊星歯車を用いた内装二段変速装置（crypto-dynamic two-speed gearing）が話題になった(44)。この頃には主として三輪車向けに各社が競って様々な方式のデフギア(45)と変速機を開発しており、そのなかでもこの製品が高い評価を受けていたようである(46)。変速機は三輪車の衰退とセーフティ型自転車への移行の中で一旦は消えるが、二十世紀に入ってセーフティ型に採用されはじめ、さらなる進化を遂げていく。また、一八九九年のスタンリー・ショーを報じた記事(47)ではフリーホイールの実用化が大きく取り上げられている。

一八九五年からは、自転車ショーのなかで、当時は馬なし馬車（horseless carriage）と呼ばれた自動車やモーターサイクルの出品が見られ、年々その数が増えていった。一九〇〇年にはスタンリー・ショーに二十六社から九十六台が、ナショナル・ショーには十六社から三十五台が出展された。自動車およびモーターサイクルの見本市もすでに開かれるようにはなっていたが、いまだ小規模だったため、大きな賑わいをみせていた自転車見本市へも積極的に出展されたのである。もちろん、自転車を製作していた会社が同時に自動車やモーターサイクルを製作することが多かったのと、興味を持つであろう顧客層が重複していたことも理由であった。また、自動車をより広義にとらえた場合、自動車がこのような見本市の類に出展されるのは自転車ショーが最初の例ではなかった。十九世紀半ば頃から、農業用機械として蒸気自動車（蒸気トラクター）が存在しており、それほど多くの数が売れていたわけではなかったが、農業博覧会に出展され、宣伝されていた。

ここでは、自転車クラブの活動の一形態として自転車見本市をとりあげたが、これはもちろん自転車クラブの活動形態として一般的なものではない。とはいえ、始めた当初の時期には、他にも同様な催しが地方の大きめのクラブなどによって開催されることもあった。スタンリーBCも少なくとも一八八〇年頃までは、一八八一年に全四種目のナショナルチャンピオンとなったG・L・ヒリアー(48)が所属するなど、レース活動も盛んで、自転車ショーだけのためのクラブではなかった。だが、その後格段に規模が大きくなっていったスタンリー・ショーを運営していくにあたって、他の一般的な自転車クラブとはだいぶ性質の異なるものとなっていったと考えられる。

# 第二章

# 十九世紀イギリスの自転車レース——プロとアマチュア

十九世紀から現代までを通して、イギリスにおける自転車レースの特徴として、自転車登場当初からのロードレースに対する社会の不寛容と、その結果としてのトラックレースへの偏重が存在している。イギリスは自転車の実質的な発明国であり、十九世紀から二十世紀初頭にかけては世界でもっとも自転車産業が盛んな国であったにもかかわらず、一八九〇年代半ばから一九四〇年代にいたるまで、自転車ロードレースの開催がほぼ全面的に阻害されていた。そのため、フランス、ベルギー、オランダ、イタリアなどのヨーロッパ大陸諸国と比較すると、自転車ロードレースが盛んであるとは言えない状況が、現代まで続いている。

十九世紀後半のイギリスは、近代的なスポーツというものが形成された場所であり、自転車レースも、同時期に形成された他のスポーツと同様に、アマチュアとプロフェッショナルとの軋轢、統一的なルールの制定、興行としての発展といった各種の問題に直面していた。また、初期の自転車レースについて考える際には、既存の（そして競馬に対しては新興の）レース競技としての徒競走との関係、そしてレースという文化を育んできた場である、競馬との関係も考慮される必要があるであろう。

　さらに、自転車ロードレースが置かれていた状況について考える場合には、公共の場所としての道路使用とその規制という問題についても、考慮しなければならない。一八三五年の公道法によって、フットボールやその他のゲームが街路や広場から締め出され[1]、赤旗法と通称されている一八六五年の法改正で、蒸気自動車が道路から事実上締め出されていった。そうした状況の中で、自転車が公道を使用しはじめたために、ロードレースのみならず、ただ公道を自転車で走行すること自体が迫害の対象となった時期もあった。しかし、CTC（自転車ツーリングクラブ）などによってサイクリストのモラル向上と地位向上が進められ、自転車の量的な増加もあって、レースの開催は困難であったものの、公道を自転車が走行することは一般に許容されていった。そうした自転車によって経験された道路使用の変化は、その後の時代における自動車による道路使用への対応にも大きく影響したと考えられる。また、本書ではそこまで展開するに至らなかったが、トラックレースとしての自転車レースの発展が、後の自動車やモーターサイクルによる周回形式のレース競技へと与えた影響は、多大なものであったと推測される。

　この章では、十九世紀のイギリスにおける自転車レースの流れを概観しつつ、そのなかでも、開催される種目の変遷と、自転車競技場の変遷に着目する。それらの変遷を把握することによって、初期の自転車レースの発展の様子を覗い知ることができるのみならず、前章で述べた自転車趣味の発展と変化についても、より重層的な理解を得ることができるだろう。

## オーディナリ型導入期の自転車レース

まず最初に、一八七〇年代前半までの自転車レースの状況について、第一章、第二章でも言及した、一八七四年の『自転車総合ガイドブック』(2)に掲載されたレース記録を参照していく。イギリスにおける自転車レースの歴史は少なくとも一八六九年にまでさかのぼることができ、十三マイルのロードレースや、二千人以上の観客をあつめたトラックレースなどが開催されていた(3)。しかしそれらはミショー型によるものであり、オーディナリ型によるレースとしては、この本に載っているものが最初期のものとなる。この本では第三章が自転車によるレースと長距離走行の記録にあてられ、全七十九頁のうちの二十四頁を占めている。これは三十三頁を占めている旅行者用ルートガイドに次ぐ分量であり、当時のサイクリストにとって、レース結果や走行記録が、道路についての情報に匹敵しうるほど、重要であったことが覗える。

そこでは、後の時代と異なり、アマチュア(以下、適宜アマと表記)のレースとプロフェッショナル(同じく以下、プロと表記)のレースが明確に区別されつつも両方掲載されており、両者とも一八七一年からの記載がある。プロのものについては最後の四頁に三十九回開催された結果が簡潔に記載されているのみであるが、アマのものに関しては、十六頁にわたって、合計で約三十の自転車による長距離走行と自転車レースの記録が記載されている。その記録を種類別に分類すると、ロードレースが七、短距離レースが六(それぞれ複数の種目が行なわれている)、個人またはクラブによるロング・ライドが十七であるが、それらは混合され、時系列順に記述されている。まだ自転車関係のイベントも少なく、記録すべきことの分量がそれほど多くなかったため、そのような形式になったとも考えられるが、ロング・ライドの記録においても距離と所要時間が明記されており、そこには、後のタイムトライアル競技と同様の、速さを競う意識が存在していたようである。(4)

長距離走行のタイムを競うという趣向自体は、十九世紀の自転車趣味において大きなウェイトを占めつづけていた。一八九五年および九六年版の『サイクリング』巻末の記録集においても、リバプール〜エジンバラ、ロンドン〜バース往復といった、七つの主要なルートのタイムレコードが掲載されている。そしてこうした行為は、一八八〇年代には、公道走行での十二時間もしくは二十四時間での走行距離を競う行為や、五十マイル、百マイルの走破タイムを競う行為へと発展していった。とくに五十マイルの記録に対する挑戦は、その手軽さもあって、多くのサイクリストが挑戦する種目となっていった。

一八七四年までの記録において特徴的なのは、アマのものではすべて、各々で使用されている自転車の前輪のサイズが明記されていることである。五十〜五十三インチが主流であったが、五十五インチ、五十六インチを使用していた者や四十七〜四十九インチを使用している者も見受けられる。ただ、身長一八〇センチ強と長身であった、I・K・フォークナーが五十三インチのものを使用しているところから、当時はまだそれより大きいものは一般的ではなかったのではないかと推測できる。(5)プロの記録においては、一八七三年初頭よりも後の記録には車輪サイズの記載がみられない。それ以前の時期においては、一部のものに記載があるが、一八七一年に六十インチのものが使われていたり、その翌年においても四十インチ前後のものによるレースが行なわれていたりと、この時期においてはまだ適切な車輪の大きさが定まってなかったさまがみてとれる。

この時期のレースの記録について見ていくと、一〜十マイルの短距離の（そして多分トラックが使用されていた）アマチュアレースにおいては、ほとんどのレースがハンデキャップレースであった。これは、スタート地点を参加者個々の実力に合わせて適切にずらして行なわれるもので、走る距離は異なるが順位はそのままの着順で決定される。当時は徒競走においても、同様の形式でレースが開催されていた。これは、賞金がかかっているレースでも同様であった。(6) また、ロードレースにおいてもハンデが与えられており、こちらの場合はスタート時間を五分もしくは十五分ずらすことで、調整されていた。トラックレースのみならず、ロードレースにおいてもハンデを与える、という行為がいつ頃まで行なわれていたのかはわからないが、少なくとも一八七八年のレース記録においても存在している。

ここにみられる、ロードレースにおける時間差スタートや、都市間の長距離走行においてレコードタイムを競う、といった競争方式の存在は、一八八〇年代半ばから後半以降に自転車ロードレースに対する取締りが厳しくなり、集団スタートでの開催が困難になった際に、すみやかにタイムトライアル方式へと、すなわち時間差スタート式の所要時間を争う方式のロードレースへと変化することができた大きな要因ともなっているであろう。

一方、プロのレースはこのころからすでに、もっぱらトラック競技となっており、プロのレースでもアマのものと同様にハンデがつけられることが多かった。また、この時期にはプロアマ関係なく誰でも参加できるオールカマー（all comers）というカテゴリも存在し、一八七二年にバーミンガムとウォルヴァーハンプトンで開かれている。

この時期のプロのレースは主にこの二都市とロンドンで開催されていた。

このオールカマーというカテゴリのレースは、『自転車年鑑　一八七九年版』に記載された、一八七八年のレース記録[7]にも見受けられる。ここでは、約二百五十開催のレースについて、記録のみが日付順に並べられている。そのうち二割弱程度がオールカマーで、プロフェッショナルと銘打たれているものは一割弱、他のほとんどは、カテゴリが明記されていないレースも多いが、アマチュア向けだったと推測される。

オールカマーレースはバーミンガム、ウォルヴァーハンプトン、ロンドン、ノーサンプトン、レスターなど各地で開催されている。その中でもバーミンガム、ウォルヴァーハンプトンでは数回ずつ開催されており、賞金がでていたことが明記されている。たとえば、ウォルヴァーハンプトンで四月に開催された一マイルレースでは、一位エドリン、ハンデ百六十五ヤード、賞金三十五ポンド。二位トンプソン、ハンデ百四十五ヤード、賞金十五ポンド、といった具合に、各々にハンデが与えられていたことも明記されている。

最高級の自転車が購入できるほどの高額な賞金が懸かっているにもかかわらず、ハンデがつけられていることも驚きに値するが、ここで問題としたいのは、この時期にはアマもこのような賞金付きレースにでることができた、ということである。厳密に言えば、この時点ではすでにBU（バイシクル・ユニオン）が設立されており、後述していくように、賞金付きレースに出場したものはプロと定義されるようになっていたはずであるが、まだそうしたプロとアマを峻別する定義が、一般的な認識とはなっていなかったのであろう[8]。

## ＢＵの設立、プロ定義の揺れ

一八七八年にＢＵが設立される以前においては、自転車のアマチュア競技は他のスポーツと共にＡＡＣ（アマチュア・アスレティック・クラブ）の管理下にあり、プロの定義はこのＡＡＣの定義に従っていた。その内容は旧来的なアマチュアリズムによるもので、運動競技のみによって生計をたてている者だけでなく、工場労働者や熟練職人といった、身体労働に従事する労働者階級の人々もプロとみなされ、アマチュア競技会に参加することができなかった。

自転車競技においては、このような古い形の定義は実情にそぐわないようになってきていたことと、プロとアマチュアが同じ場で競う、ということが珍しくなかったため、プロとアマが共に従う共通のルールを制定していく必要があった。それまでは、トラックごともしくは各クラブにおいてルールが決められており[9]、それらの間に大きな齟齬が存在していたわけではないようだが、共通のルールを制定するための組織が望まれていたのは確かであろう。

そのような共通のルールを制定するためにも、ＡＡＣから独立して新たな組織を作る必要があって、一八七八年の二月にＢＵが設立される。この組織は、ＡＡＣと異なり、プロでもアマでも入会することができた。そしてＢＵによって、追い抜く際には外側から、トラック内で自転車を降りてはならない、などといったトラック走行上の共通ルールが制定された。ただし、共通ルールに関しては最低限のものにとどめられ、詳細はローカルルールに委ねられたままであった。というのも、まだこの時点では、自転車専用のトラックはほとんどなく、多くは徒競走用をそのまま利用しているものや、クリケット場の周囲を周回するようなもので、各トラックによって状況が大きく異なっていたからである。走路の広さやトラックの長さや形状はバラエティに富み、周回方向もトラックによって異なっていた。

しかし、自転車競技におけるプロとアマの区別については、明確な定義が与えられた。BUは、以下のようにプロとアマを区別した。

一、プロの自転車乗りとは、公開の場で金銭を得るために自転車に乗ったことがある者、もしくは自転車に乗る技術および他の運動競技において、契約の締結、指導、他人への援助、などを行うことにより金銭を得たことがある者、である。

二、相手をプロの自転車乗りと知った上で、公開の場でもしくは賞を賭けて競争を行なうならば、その者もプロの自転車乗りとみなす（ただし、BUが特別に認可した場ではその限りではない）。

三、以上の定義にあてはまらない者をアマの自転車乗りとみなす。

これにさらに解説が付随し、そのなかではたとえば、自転車販売を商売とする者は、そのこと自体ではプロとみなされるわけではないが、自転車を販売する目的で個人的に指導などを行うとプロとみなす、などといったことが言われている。また、（二）の解釈として、ペースメーカーとなることを目的としてプロと共に走った者もプロとみなすとあり、この当時すでにペースメーカーという行為が存在していたことがわかる。[10]

この定義は、それまでのAACが掲げていたものよりは実状に即した、比較的妥当なものと認識されたようだが、自転車レースに関わる人々すべてに、そのまま受け入れられていったわけではなかった。AACの改組により成立したアマチュア・アスレチック・アソシエーション（Amateur Athletic Association　一八八〇年にAACから組織改組で設立された）からの反発、干渉のみならず、自転車界内部からも異論が上がってくる。

自転車界アマチュアの側から出された意見としては、オックスフォード、ケンブリッジ両大学の自転車クラブ（クラブの名称としてはAthletic Clubであった）によって突きつけられたマニフェスト[11]が、影響力においても内容においても、その代表的なものであった。一八八〇年の三月十日付けで出されたこの声明文は、『ホイール・ワールド』誌の創刊号に掲載され、その後も同誌においては約一年間、毎号のようにこの問題についての記事が載せられた。結局、この誌上では明確な決着は示されなかったが、当時の自転車界において、大きな議論の的となっていたことが覗える。両大学のクラブは、BUによる認可により例外は認められうるものの、アマとプロとの競争が事実上禁止されたことに対する反発から、このマニフェストを提示していた。そこでは、新たなプロの定義として、以下の者をアマのレースから除外する、というルールが提唱されている。

一、プロと何らかの賞をかけて公開の場で競争した者。
二、プロと競争をしたことがある者と何らかの賞をかけて公開の場で競争した者。

これは、BUの定義をどのように緩めたものであるか、という観点から言い換えると、「金品をかけずにプロと競争する自由」と、「プロと競争するような（レベルの高い）

アマが参加しないレースでは金品をかける自由」を保障する、といった意味合いを持つことになる。こちらのほうが、より実状に即している、と主張しており、それは実際のところ正しかったのであろう。同記事において、ロンドン・アスレチック・クラブもこれに賛同し、このルールに従い、オープン競技（open race）を開催すると書かれている。このようにアマのトップレベルの競技者を有する団体が異を唱えたにもかかわらず、BUそしてNCU(12)はこの後もルールの変更には応じなかった。そして、大学のクラブ側としては、大学対抗戦が最も重要なレースであったため、BUが主催する他のアマ向けレースに出場できなくなってもかまわなかった。ただ、結果としては、BUが許可を出したのかどうかは不明だが、トップアマとプロとのレースはこの後も行なわれている。BUとしても、大きな影響力を持っていた一流のアマチュアクラブに属する者が、プロと金品を賭けずに争うこと自体には、真っ向から反対することはできなかったのであろう。

こうした状況においてもBUが主導権を握り続けることができたのは、BUの他の活動が高く評価されていたためであると考えられる。この時期のBUは、後にはCTCが中心となって行なわれる、危険な坂のリストアップや道路改良や自転車乗りの法的保護へのロビー活動などに積極的だった。そして、資料からはその実態を確認することはできないが、BUは当時のレース開催に欠かせなかった、ハンデキャップの設定においても大きな役割を果たしていたのではないかとも推測される。

## レースの種類について

では、一八七八年のレースの記録においては、どのようなレースが行なわれていたのだろうか。

前節で述べたように、この記録においては全部で約二百五十開催のレースが掲載されているが、そのなかでロードレースと銘打たれているものは一割程度である。そして、そのほとんどは数マイル程度の短距離であり、それ以上の距離のものも二十マイル前後が多く、三十マイル以上のものは三つしか確認できない。ただ、ロードレースと銘打たれていない長距離レースとして、路上なのかトラックなのか、どちらで行なわれていたのかは不明だが、百マイル・スロー・レースという種目がいくつかみられる。[13]

もっとも盛んだったのは、プロでも、オールカマーでも、ロードレースでもない、クラブ主催のアマチュア向けトラックレースであり、これが全体の半分以上を占めていた。ロードレースにおいても同様であったが、多くのレースで種目名にハンデキャップと冠されており、その表記がないものも、多くはハンデがつけられていたと推測される。距離別に見ると、一マイルレースがもっとも多く開催されており、人気の高い種目であったようである。

レースの名称としてはクラブ、チャレンジカップ、チャンピオンシップ（club, challenge cup, championship）といった名称を冠しているものが多くみられる。一八七八年の時点では、これらは、レースの種類というよりも格付けに近いものだったようだが、そういった名称がついていても、必ずしもレベルが高かったわけではなさそうである。

だが、このクラブやチャレンジといった名前に一定のブランド力があったことは確かなようで、自転車の名称にもこれらが冠されていた。そして、そうした名称がつけられた自転車は、価格が高めで比較的上質な、一クラス上の製品として認識されていた。レースの名称としてはすでに形骸化が始まっていたこれらの名称は、その後、車種名においても、しだいに価値を失っていく。

特殊なレースとしては、ボーイズもしくはユースといった若年層向けのレースがいくつか存在しており、一例だけだが女性向けのレースも存在している。また、三輪車のレースも二つ載っている。三輪車のレースを含む開催は、その後一八八一年には二百二十五開催中三十、(14)一八八二年には三百三十二開催中六十二(15)と増加していった。

プロのレースについて見ていくと、アマチュアやオールカマーのトラックレースと同様に、ハンデ付の一マイル競走も多数行なわれてはいたが、観客を集めることを意識してか、さまざまな趣向をこらした競技が存在していた。たとえば、馬との対決がそれぞれ異なる形式で五回行なわれており、そのなかには、六日間にわたって開催された馬対自転車プロのレースもあった。(16)これは王立農業会館(に付随する広場)において、八人の自転車プロと二人のプロ騎手が参加して、六日間毎日十二時間走行し、総走行距離を競うというもので、一位は十九頭の馬を使用したレオンという騎手で九百六十九マイルを走破した。二位の自転車プロも九百十マイルを走破しており、一日平均百五十マイル以上、毎時平均約二十キロ以上のペースで走ったことになる。

トラックを六日間走るという形式の競技は、この馬との対決以外にも同じ場所でこの年だけでも二回開催されている。前年に同じ場所で徒競走として同様のイベントが行なわれており、それを模して自転車で開催したものであったようである。この種のレースは、この後も定期的に催され、しだいにルールも洗練されていく。そして、一八九〇年頃に、アメリカへ導入され、後のマディソン競技へと発達していった。

## トラック競技場の改良

ここまでトラック、トラックレースという言葉を使用してきたが、先にも述べたように、一八七〇年代から一八八〇年代にかけては、自転車競技向けに作られたトラックはほとんど存在しなかった[17]。多くは、クリケット場の周囲に設けられた徒競走用の周回コースを、自転車競技にも使用していた。そのため、走路は狭く、路面は軟弱な

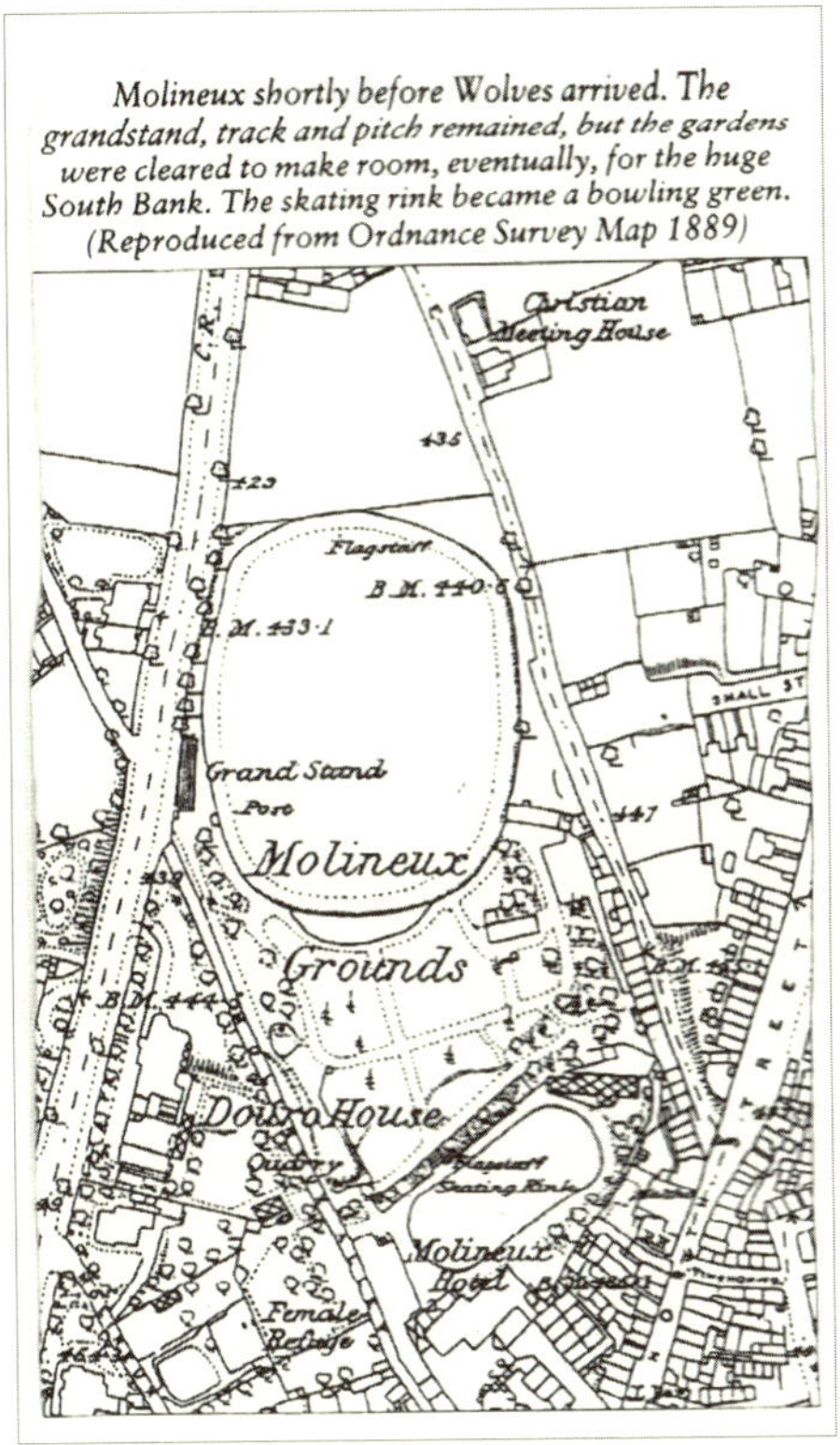


図 3-1
1889 年頃のモリニュー・グラウンド

シンダー（cinder）[18]か芝（grass）[19]であった。ごく初期においては、広場の中央部がもりあがり、走路は外側に向かって下り傾斜になっている、おおよそ自転車で走るのには向かないような走路も珍しくなかった。自転車競技が盛んになるにつれ、しだいに自転車でも走りやすいように整備されたものが増えていったが、路面を滑らかで固めに仕上げ、走路の外側を盛り上げたりするような改良は可能であっただろうけれども、共用の設備である限りは、たとえば外側に鉄製の柵があったりするといった状況からはなかなか抜け出すことが困難であった。また、周回コースの形状も、楕円形に近いものは少なく、四つのほぼ直角なコーナーを持った、正方形に近い形状のコースが多かったようである。たとえば、ウォルヴァーハンプトンで一八七〇年頃から、おそらくは一八九〇年代以降にも使用されていたモリニュー・グラウンドも、図3-1にみられる正方形に近い形状であった。その形状ゆえ、カーブの角度は緩やかではなかったが、このトラックは走路が広く取られていたこと[20]もあって、とりわけ一八七〇年代から一八八〇年代においては、他よりも自転車競技に向いたものであった。このトラックが利用できたことは、同地で早い時期からプロの自転車競技が盛んとなった要因の一つであっただろう。

　同時期にロンドン近郊でよく自転車競技に用いられていたリリー・ブリッジ・グラウンド（Lillie Bridge Grounds）の旧グラウンドと呼ばれているものなどは、走路がほぼ平坦であったうえに、最終コーナーのすぐ外側に壁が存在し、その壁に接触、衝突する事故が幾度も起きていた。その壁の向こう側にある建物が病院であったことから、病院送りのコーナー（Hospital Corner）という自虐的な名前で呼ばれていたのだった。一八八〇年代半ば頃のトラックとしては、ほぼ唯一、ケンブリッジ大学のトラックが、同大学で自転車競技が盛んで、多くのクラブ員を擁し日々練習に用いられていたため、自転車競技に適した状態に保たれていたとされている。(21)

主としてオーディナリ型自転車でレースが行なわれていた一八八〇年代半ばまでの時期においても、走路の改良などによって、徐々に自転車競技に適したトラックは増加していったが、自転車用トラックの改善が劇的に進むのは、一八九〇年代に入ってからのことであった。この頃に適切なバンク角をもった自転車専用のトラック（コーナーにおいて、走路の外側が内側より適度に高くなっているトラック）が各地に作られていき、路面も滑らかなセメント張りであったり、木製であったりもするようになっていった。(22) セメントで塗られた路面は、速度は出やすかったが、濡れると非常に滑りやすく、落車すると大怪我をしやすいという欠点があった。木製のものは、適度な摩擦が得られ速度も出やすい上に、落車しても比較的安全であったため、自転車選手には、セメント塗りのものより好まれた。木製のトラックは解体および移設が可能な構造物として作ることもできたため、一八八〇年頃という早い時期にも、それほど多くの事例があるわけではないとはいえ、移動興行用として使用されていた。たとえばジョージ・ウォーラーというプロ自転車乗りが、稼いだ賞金で購入した大テントと木製トラックでもって、一八七九年から一八八三年にかけて、サーカスのような巡回興行をしていたとされる。(23)

一八九〇年代には、解体可能な木製のトラックを利用して、夏季は自転車競技を、冬季には撤去してフットボールの試合場などに使用するといった使われ方も現れてきた。そのころには、フットボールにおいても自転車競技においても観客が増大し、二万人、三万人といった大人数を収容することが可能な競技場が作られ始め、その建設費は巨額であった。そのため、自転車においてもフットボールにおいても、専用に設計された競技場が作られていった時期ではあるが、同時に、多用途に使用可能な競技場も作られていったのである。そして、自転車競技専用でなくとも、自転車レースの開催を考慮して設計された競技場は、優れた競技環境と観戦環境を提供していった。他のスポーツと共用の競技場としては、たとえば、一八八九年にブリストルで開設されたカントリー・グラウンドのように、クリケット場との共用の自転車用トラックも新設された。このトラックは旧来的な四つの直角コーナーを持つ正方形に近い形状であったが、コーナーの幅が百二十~百六十五フィート（約三・六~五メートル）と広くとられ、外側が約六フィート（二メートル弱）高くなっていた。このトラックは、一八九一年のアマチュア選手権大会でも使用されるなど、自転車競技者からも高い評価をうけており、よい記録も生まれた。

一八九〇年代に入って、それまで以上にバンク角が深く、堅い路面のトラックで自転車競技が行なわれるようになっていったのは、オーディナリ型からセーフティ型へと自転車が変化していったこととも関係が深い。オーディナリ型の時代から、内側が低くなった走路は存在していたが、ペダルと地上との距離が近いセーフティ型では、より深いバンク角が必要とされていった。落車時の危険性が小さくなったということもあるが、車輪の小型化は、車体を大きく内側に傾けたまま高速でペダルを回すという乗り方を可能にする変化でもあった。また、オーディナリ型の二十六インチ換算で二倍程度というギア比が、セーフティ型になりすぐに大きく変化したわけではなかったが、多少とはいえギア比が上昇したことも、レースの速度が上がり、そのことによってさらにバンク角が深くとられていく要因ともなっていった。

自転車の改良と走路およびトラックの改良によって、自転車レースは高速化が進んだが、他にも、同時期にもう一つ、自転車レースの高速化に大きな影響を与えた変化が存在していた。それは、一八九一年に開設された、ハーン・ヒル自転車競技場において制定されたローカルルールである。ここにおいて初めて、トラック競技の競争集団の先頭で風除けとしてペースメーカーを使用する際のルールが確定され、実用的に運用されていった。一八九二年から一八九三年にかけては、空気入りタイヤの実質的な実用化が進んだ時期でもあり、記録の向上自体はその影響もあっただろうが、一八九五年時点では、トラックにおける距離別レコード記録のほとんどが、ハーン・ヒルで記録されたものとなっていたということからも、ペースメーカー使用の効果をみてとることができる。

ペースメーカー使用の是非については自転車雑誌などで議論が戦わされていたが、この頃までには、ロードレースにおいても、各選手がそれぞれペースメーカーを使用することが一般的となっていたようである。当時のイギリスのロードレースは、タイムトライアル形式で一人ずつスタートする形式であったため、各選手それぞれにペースメーカーがついていた。ペースメーカーを配置してよりよいタイムを目指す、という行為自体は前述のようにBUが設立された一八七〇年代後半には存在していたが、それが一般的な行為となっていったのがいつごろからなのかはよくわからない。しかし、レース形式の変化という観点からみるならば、ロードレースをタイムトライアル形式で行なうようになったことにより、そうした行為が一般的なものへとなっていったのではないかと推測できる。そしてその流れが、トラックレースへと波及していったのではないだろうか。

もちろんこれは、競技レベルが高度化していくことによる必然的な変化であるとも言える。だが、さらにもう一つの大きな要因として、路上における自転車競技のプロ化と商業化の進行を挙げることができるだろう。より優秀なレーサーを確保するだけでなく、優秀なペースメーカーを何人も用意することによって、更なるタイムの向上が期待できるからである。

## イギリスにおけるレースとスポンサー

一八八二、八三年頃には、すでにメーカーをスポンサーに持つプロが存在していた。自転車メーカーは自社の製品の優秀性を示すために、広告において、レースでの勝利を喧伝するようになってきた。[24]そうしたプロと自転車メーカーとの関係が、プロとメーカー、そして自転車を購入しようとする一般の客にとっても、より重要なものとなってくるのが、一八八三、八四年頃からの各種セーフティ型自転車の登場であった。オーディナリ型においても、メーカーによって自転車の性能差は存在していたが、その差は少なくとも有名メーカーの同価格帯の製品においては、それほど大きいものではなかった。そして、そこに存在する差は、相互に比較可能なものであった。すなわち、車体の重さ、フレームの形状、ベアリングの種類、ヘッドパーツの種類、スポークの太さと本数、リムの形状、トレッド幅、[25]後輪の大きさ、フロントフォークの角度（rake）、[26]ブレーキの種類、サドルのスプリング装置の種類、ハンドルバーの形状と長さ、クランクの長さやハンドルの高さの調整稼動範囲など、同列に並べて語ることの可能なスペック差であった。自転車を購入しようとする者が、三輪車でなく二輪車を購入することに決めたならば、相互に比較可能な性能に関する情報と、あとは価格やデザインやメーカーや車種名などを考慮しつつ、気に入ったものを選べばよかった。どれも基本的には同様の形状をもつ、オーディナリな（一般的な）自転車であり、また自転車の性能向上がすでに十分進んでいたため、上質な製品同士の性能差は、それほど大きなものではなくなっていたからである。レースでの好成績は、乗り手の能力の差による部分が大きいと考えられていたようで、有力なプロ自転車選手がメーカーと専属契約を結んでいたことも、製品そのもの同士の性能比較を困難にしていた。

そうした状況は、エリス社（Ellis and Co.）のファシル（Facile）をはじめとした、各種セーフティ型自転車の登場により、大きく変化していく。一八八二年から翌年にかけて、その数年前から販売され続け、徐々に改良を進めてきたシンガー社（Singer and Co.）のエクストラ（'Xtra）に加えて、先述のファシルやヒルマン・ハーバード社（Hillman, Herbert, and Cooper）のカンガルー（Kangaroo）など（図3-2）、有名メーカーによるセーフティ型が発売されていった。そして一八八〇年代半ばには、既存の自転車メーカーのみならず、多くの新興メーカーが独自の形式のセーフティ型を次々と販売していった。[27] それらの自転車は、カンガルー型やローバー型のように、駆動方式によって分類も可能ではあったが、ローバー型に類する後輪をチェーンで駆動するタイプの中で比較しても、前後輪の大きさすらまちまちで、さらにギア比やチェーンの形状など、それまでになかった新しい差異が存在していた。そしてそれらの差異は、オーディナリ型における細かい差異とは異なり、乗り心地や走行性能を大きく左右する違いでもあった。各種セーフティ型の登場と前後して、これもまた多様な形状と駆動方法をもつ各種の三輪車が現れてきたこともあって、[28] これまでのような部品の比較による相互の性能比較は、不可能に近くなったのである。そのため、各メーカーは、性能において他の自転車に勝っていることを示すために、新しい形式のセーフティ型自転車をレースに積極的に投入し、また長距離長時間での走行記録を互いに競い合うようになっていった。

その先鞭をつけたのがファシルであった。走行性能と耐久性を示すために、ファシルによる長距離走行記録会を積極的に開催し、一八八二年九月には二十四時間で二百十四・五マイル、翌年六月には二百二十一・五マイルと記録を更新し続けた(29)。同時期にオーディナリ型および三輪車によって達成された記録は、二百七・五マイル(30)と大きく差が開いていたため、ファシルの性能の優秀さが際立つこととなった。この後、カンガルー型そしてローバー型といった大手メーカーのセーフティ型自転車も、同様の記録会やレースにおいて、その性能の優秀さを示していった。

明示的な記述は発見できていないが、こうした記録追求の場においては、ペースメーカーも積極的に使用されていたと推測される。オーディナリ型よりも車体が小さいセーフティ型では、ペースメーカーの効果がより大きくなったということも、重要な点であろう。また、このころには、ペースメーカーとして、二人乗りのタンデム自転車も使用されるようになっていった。タンデム自転車は二人で一台の自転車を駆動するため、容易にそして安定的に、ペースメーカーの役割を果たすことができたのである。

二十四時間の走行距離記録を追求する競技会も、路上で催されているという意味では、自転車ロードレースと言えるであろうし、実際に当時はそう呼ばれていた。当時のイギリスで、その後、主としてヨーロッパ大陸諸国で発達し、現在でも盛んに行な

②

FIG. 1.—THE 'XTRA ROADSTER.

③

FIG. 21.—THE KANGAROO PREMIER ROADSTER.

①

FIG. 33.—THE SPECIAL FACILE ROADSTER.

図 3-2
①ファシル、②エクストラ、③カンガルー（1884 年）

われている、多くの人間が同時にスタートしゴールを目指す、マス・スタート形式のロードレースがまったく行なわれていなかったわけではない。だが、集団で公道を走行する形式の自転車レースは、イギリスにおいては警官に逮捕されうる行為であったため、当時の資料からその開催状況を把握するのは困難である。状況の変化を概観すると、一八八〇年代半ば頃には明確に警官からの妨害を受けるようになり、状況の悪化を受けてNCUは一八八八年にロードレースからの撤退を宣言し、以後トラックレースに力を注ぐようになる。しかしロードレースの愛好家たちは、その後も引き続き、タイムトライアル形式、すなわち時間差スタート式による路上でのレースを続けた。だが、一八九四年に起きたレース中の馬車との事故など、いくつかの事故の影響もあって、路上でのレース行為への風当たりは、強くなる一方であった。

イギリスにおけるロードレース興行の不振が、この章の冒頭で指摘したような一八三五年の公道法、あるいは一八六五年の赤旗法に見られる伝統的な道路使用への不寛容さから来ているのは確かだが、ここではもう一つ別の視点から、その原因となっていると考えられる、十九世紀末から二十世紀初頭のイギリスに特有な状況を指摘しておく。

ロードレースは競技場への入場料を取ることが可能なトラック競技とは異なり、興行それ自体では利益を生み出すことができない。そのため、雑誌や新聞といったメディアによって後援される必要がでてくる。もちろん、移動する乗り物に広告を描き、直接的に走る広告塔として使うという行為は、馬車の時代から行なわれていたし、同様の広告手法は自転車や自動車においても速やかに導入されていた。自動車においては、馬車広告との親和性の高さや自動車それ自体の物珍しさということもあったが、騒音や悪臭や煙を発するという一般的な使用においては欠点となるようなことが、ここでは利点ともなり得たこともあり、乗合馬車やトラムを引き継ぐ形で登場した都市の乗合自動車においてのみならず[32]、十九世紀末から二十世紀初頭という、イギリスにおいて未だ小型の自動車が珍しかった時期から、たとえばココアの広告[33]などに使用されている。

この時期にフランスやアメリカで自転車レースや自動車レースの開催に資金を提供していたのは、総じて日刊紙を発行している新聞社であった。彼らは、部数を伸ばすために、そして同業他社が他のレースのスポンサーであることに対抗して、レースのメインスポンサーとなった。イギリスにおいても、一八七〇年代初頭における

図 3-3
ロンドン・ブライトン・ライドの様子（1896 年）

『フィールズ』誌などのように、スポーツ系の雑誌がトラックレースのスポンサーになるということはあったが、一般の日刊紙が自転車レースのスポンサーとなることはなかったようである。むろん、企業イメージの問題として、社会的に十分認められていたとは言い難い自転車レースに肩入れすることがプラスにならない、という判断が働いたということもあるかもしれないが、それ以上に重要だったのは、イギリスの新聞は部数を増やす努力をする必要が薄かった、という点にあるのではないだろうか。

イギリスの新聞はその利益を広告収入に大きく依存していたが、新聞社が得る広告料は部数の増減に関係なく一定であった。十九世紀末に『デイリー・メール』が発行部数を飛躍的に伸ばしたが、それでもそのことを理由に広告料を上げることはかなわなかったのである(34)。

十九世紀末のイギリスで自動車産業の振興が遅れた理由も、一つにはこうした状況の影響があったと考えられる。他国の場合、一八九四年七月のパリ〜ルーアン、一八九五年六月のパリ〜ボルドー〜パリといった初期の自動車レースイベントを成功させたフランスは別にしても、たとえばイギリスと同様に自動車開発でフランスやドイツに立ち遅れていたアメリカでも、一八九五年に『タイムズ・ヘラルド』紙がアメリカ初の自動車レースを主催し、紙面で参加者をつのった。このイベントには八十台以上のエントリーがあったが、そのなかにも、まともに走れるものはほとんどなかったため、約一ヶ月開催を延期することとなる。それでも結局出走できたのは六台のみで、完走できたのはそのうち二台と惨たんたる結果に終わった。しかし、こうした失敗でさえ、自動車の存在を多くの人々に伝え、技術者たちの開発意欲を振興することとなったのだった。

一方、十九世紀末のイギリスでは、『オートカー』や『エンジニア』といった専門的な雑誌以外には、自動車レースを主催しようと試みるところが出てこなかった。一八九七年に『エンジニア』誌が千百ギニーの賞金を提示して参加者をつのったが、集まったのは三台のみであった。先に挙げたアメリカの事例と比較するに、それだけが理由ではないとはいえ、日刊紙との影響力の違いよるところも大きかったのではないだろうか。イギリスでも、一八九六年十一月の赤旗法廃止を記念して行なわれたレース、ロンドン・ブライトン・ライドは多くの観客を集めた（図3-3）し、自動車の見本市が開催されれば、それなりの注目を集めることができた。[35] しかし、その先の、自動車の実用化と産業的発展と普及といった段階へは、なかなか進んでいかなかった。

これには産業構造上の問題もあったであろうし、道路使用への反発といった問題によるところも大きかったであろう。だが、イギリスの自動車産業が、一九〇〇年に『デイリー・メール』紙主幹のアルフレッド・ハームズワースの全面的なバックアップによって開かれた、千マイル自動車レースによって大きく動き出していったことも考え合わせると、ここで示したように、日刊紙がスポンサーとなって新奇な産業やイベントを促進するという構造がイギリスでは成立しにくかったということも、大きな一因となっていたと考えられる。そしてその一つの結果として、イギリスにおいて自転車ロードレースの開催が阻害され続けたと言えるのではないだろうか。第二次大戦後の日本で自転車ロードレースが発展しえなかったのも、経緯は異なれど、スポンサーとして日刊紙の継続的なバックアップを得られなかったことを、大きな要因として挙げることができるであろう。[36]

第四章

# オーディナリ型自転車の形態変化と車種分化——「レーサー」と「ロードスター」

自転車がオーディナリ型からセーフティ型へと変化していくことにより、ものとしての自転車が変化するだけではなく、自転車に好んで乗る人々の性質が以前と異なるものへとなっていき、自転車趣味のありようも変化していく。これは当然の帰結と言っていいであろう。

乗車技術の習得が比較的困難で、走行に危険が伴うオーディナリ型から、より乗りやすく安全なセーフティ型自転車へと、自転車の主流が移り変わることにより、それまでの自転車に付きまとっていた、高度な運動能力を要する、乗り手を選ぶ乗り物というイメージは、しだいにそぎ落とされていった。日常的な移動手段として使われるようになるのはまだ先のことではあるが、以前よりも上品な乗り物へと変わり、より気軽に実践できる娯楽となり、オーディナリ型自転車には乗る気になれなかったような人々も、自転車に乗るようになっていったのである。

その結果として生じたのが、第二章、第三章で取り上げたクラブの衰退とその性質の変化であり、自転車レースのありようの変化であるといえよう。そしてその一方で、自転車の台数は増え続け、乗る人も増加し、より身近なものへとなっていくことにより、自転車レースに興味を持つ人が増え、自転車旅行記に代表されるような自転車関係出版物の需要も増大していくこととなる。

この章では、そういった変化が、セーフティ型登場以前においても進行していたということを、オーディナリ型自転車の車体及び車種の変化を見ることによって、示していく。十九世紀における自転車の形態の変化としては、またがって進むホビー・ホースからペダルのついたミショー型へ、そして前輪の大きなオーディナリ型へ、そしてさらに再び前輪が後輪と同じ大きさのローバー型のセーフティ型自転車へ、といったダイナミックで大きな変化に目が行きやすい。しかし、そうした大きな変化の中にではなく、この章、そして本書全体で取り上げているような細やかな変化の中にこそ、当時の人々がどのように自転車を使用していたのかを知る手がかりが潜んでいる。

## 技術史としての自転車史

これまでの自転車史の多くにおいては、一八七六〜八年頃における、中空フロントフォークの採用に代表されるいくつかの技術的達成をもって、そこをオーディナリ型自転車の完成地点としている。(1) たしかに、基本的な形態は、そこで完成したといってもいいかもしれない。しかし、その後、三輪車やセーフティ型のみならず、オーディナリ型自転車においても、各種の変化改良が進んでいた。

オーディナリ型自転車の変化、改良について考察する際に、まず最初に検討されなければならないのが、その性能の向上に直接的に関係してくる各種の技術的要素である。大きな車輪の採用を可能にした、スポークの張力で支えられるホイールの発明とそのさらなる改良、フレームの強度を上げつつ軽量化が進められた鋼管の製造と加工、溶接技術の進歩、動力伝達率とステアリング操作性を向上させつつ耐久性を高めていったベアリングの改良、といったものを主なものとして挙げることができる。

こうした、自転車へ導入された各種技術や、自転車のために新たに開発改良が進められた技術については、これまでも言及がなされてはきたが、それらの技術が開発された背景については、あまり関心が持たれてこなかった。どのような前提となる技術が存在したのか、そして当時の工業や産業の状況がどのようであったのか、といった観点からの検討がなされていないのである。また、黎明期であった十九世紀末の自動車産業と他産業との関連においても、同様に軽視されがちな問題として、石油化学産業との関連を挙げることができる。詳細は第七章に譲るが、他の技術的要素以上に、イギリスでは内燃機関に適した燃料が手に入りにくかったことが、自動車の開発が遅れた大きな要因となっていた。

自転車にまつわる技術的発展と関係が深い、基礎的で重要な事柄としては、材料としての鉄の性能向上と一八七〇年代後半に起きた価格低下とが自転車の普及発展にもたらした影響(2)や、ゴム産業の状況とタイヤ開発との関係性といったものが挙げられよう。空気入りタイヤの普及と、一八九〇年代半ば以降の自転車ブームによる増産がゴム産業へ与えた影響についてはすでに指摘されているが(3)、それ以前のオーディナリ型の時代にも、自転車のタイヤは、ゴム需要を大きく牽引していた。鉄が錬鉄から鋼鉄へと大幅に強化され、その鋼鉄の価格も低下していくということがなければ、そして

H・ウィッカムの働きによって天然ゴム[4]の大量栽培が成功していなければ、自転車はこれほどの急激な技術的進歩を経験せずに、少数の人々が楽しむ遊具にとどまっていたかもしれない。

また、自転車の発展史において注目される技術的発展も、その後の自転車産業、そして自動車やモーターサイクル産業に貢献した技術が中心となっている。空気入りタイヤや、三輪車のために開発され後に自動車でも使用されていったデフギア、三輪車へ採用されたことにより改良が進みセーフティ型の時代に花開いた、チェーンや内装式変速装置などについては取り上げられてきたが、後の時代との関係が薄い、オーディナリ型自転車に特有の技術的改良については、ほとんど語られてこなかった。もし、自転車を中心に据えた広範な技術史的研究がなされれば、十九世紀最後の四半世紀におけるイギリスの機械工業に関する歴史について、より深い理解に至ることができるであろう。

## 車輪とフレームの変化

ここでオーディナリ型自転車の形態として取り上げようとしているものは、要素として挙げるならば、前輪と後輪の大きさの割合、フロントフォークのレイク（rake）と角度[5]、およびハンドルバーの形状などである。これらは乗り手の視点から見れば、乗車姿勢に関わる変化であると言える。また、後輪の大きさの変化は、車体重量の変化にも直結してくる。

詳細な検討に入る前に、まずおおまかなイメージをつかむために、六つのオーディナリ型自転車の図（図4－1①～⑥）をみてみよう。この六つの車体を年代で分類すると、それぞれ、オーディナリ型が普及し始めた一八七四年のもの（①②）、技術的完成に近づいていた一八七七年のもの（③④）、セーフティ型が出現し始めた一八八五年のもの（⑤⑥）となる。用途で言えば、レース競技用（②④⑥）と、ツーリング用（①③⑤）とに分類することができる。これらは変化がわかりやすい典型例として選出したもので、年代ごとの前後輪の大きさの比率の変化や、フロントフォークの角度の変化、そして同年代同士の比較による、「レーサー」（Racer）と「ロードスター」（Roadster）の違いを見て取ることができる。レーサーとロードスターの違いについては、フロントフォークの角度、装備や装飾、サドル位置の違いなどに着目してもらいたい。実際にはメーカーごとの差異も大きく、規模の大きなメーカーではオーディナリ型だけで十種類近い製品を販売しており、毎年その一部がモデルチェンジされていた。そのため、一年ごとの変化は連続的でゆるやかなものであった。

　具体的な検討としては、まず最初に、オーディナリ型自転車の最大の特徴ともいえる車輪の大きさについて、その言及のされ方の時代的変化を追っていく。前輪の大きさが変化しだした一八六九年から一八七〇年頃においては、周長もしくは直径で具体的な数値がよく記されていた。[6] 第三章で述べたようなレースの記録においてのみならず、たとえば、自転車での綱渡りを紹介している記事[7]のような、車輪の大きさがさほど重要ではないような場面でも、車輪周長の記載がある。オーディナリ型の基礎が固まり、普及が始まった一八七四年頃までは、後輪の大きさへの言及も頻繁に見られたが、その後は前輪のサイズに、より注目が集まるようになる。

　ミショー型において一般的に行なわれていた、クランクの長さを変えることによる調整は、オーディナリ型では前輪の大きさを変えることによる調整にとって代わられる。もちろんオーディナリ型においても、クランク長による調整はなされていたし、クランクを交換しなくてもクランク長を変えることの可能な製品も存在したが[8]、主に車輪の大きさで調整し、クランク長で微調整をするような方式が主流であった。基本的には足の長さで適切な前輪の大きさが決まり、⑤の下部にある価格表にもみられるように、一インチもしくは二インチ単位で前輪の大きさの変更が可能で、各人が適切な(もしくは望みの)大きさのものを選べるようになっていた。少なくとも一八七七年の時点では既にどの社も、そのような形で販売していたようである[9]。そしてそのときには、後輪の大きさについて言及されることは少なくなっていた。グリフィンによる年刊自転車購入ガイドブックの一八七七年版[10]では、後輪の大きさが記述されているのは二車種についてのみで、約二十インチと書いてあるもの[11]と、前輪四十八インチに後輪十六インチ、六十インチに二十インチと、前輪の三分の一サイズの非常に小さい後輪をつけているという説明があるのみである。

グリフィンによる同シリーズの一八七九～八〇年版では、後輪の大きさについての言及が多少増加しており、全体の四分の一から五分の一程度の製品にみられるが、他の構成部分の差異についての言及と比べると少なく、それほど重要視されている要素ではなかった。前輪の大きさに合わせて後輪を変えていることが明記されているのは一車種のみで、前輪四十八インチに後輪十六インチ、五十二インチに十八インチとある。前輪の大きさに合わせて後輪を変えるということが一般的であったのかどうかはわからないが、わざわざ特定の製品においてのみ記載があることから、前輪のサイズによらず、後輪の大きさは一定だった可能性が高いと推測できる。ただ、前輪の大き

❶

❷

❸

❹

❺

❻

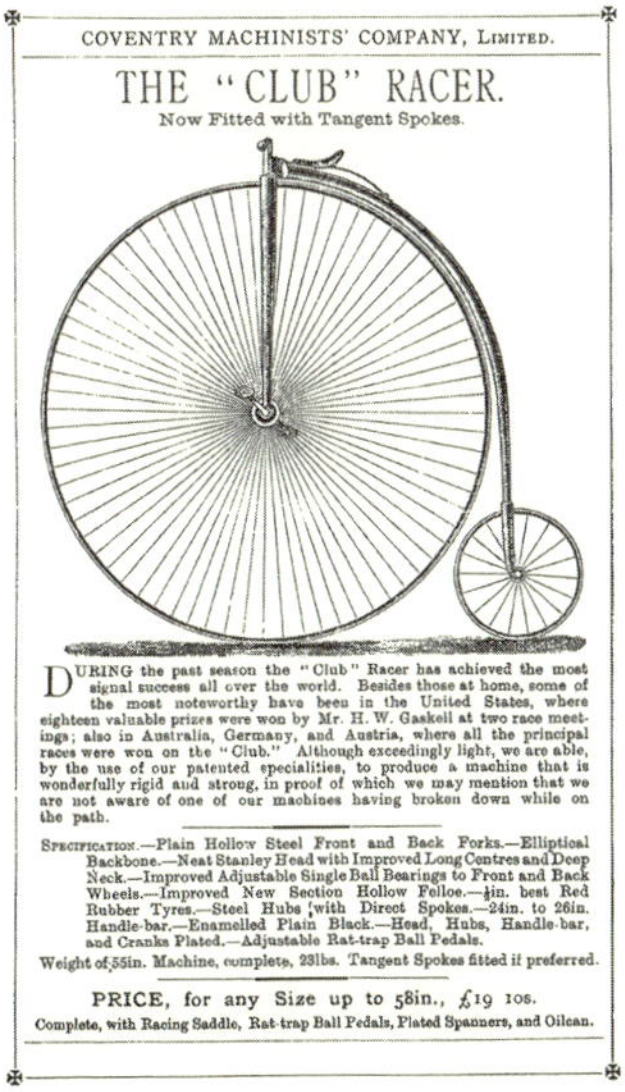


図 4-1
時代ごとのレーサーとロードスターとの比較
(1874、1877、1885 年)

さが選べることと同様、後輪の大きさも選べることが当然であったために書かれていない、ということもありうるであろう。資料から明確に読み取れる限りでは、この一八七九~八〇年版では十六~十八インチの後輪が標準的な大きさとなっており、以降の年においても、そして他の資料においても、明示されている限りではほぼ変化が見られない。一部、レーサーにおいては十五インチの後輪を採用しているものもあり、ロードスターにおいても、当時の各種図版から前後輪の比を計測した場合には、十五インチもしくはそれ以下のサイズと推測されるものもみられる。

セーフティ型や三輪車では、製品による差が大きかったこともあり、各車輪の大きさについて記述されているものがほとんどであった。また、セーフティ型が珍しくなくなってきた時期の一八八九年版においても、ギア比を表すのに車輪の大きさで表現されていた。たとえば、「(この車種の)標準的なタイヤのサイズは前輪が二十六インチで、後輪は三十もしくは三十二インチとなっており、それぞれ五十七、六十インチ相当にギアアップされている[12]」。

こうしたセーフティ型についての記述にあわせるように、一八八〇年代後半には、オーディナリ型に関しても、再び後輪の大きさがほとんどの車種において記述されるようになる。そして、安全なオーディナリ型自転車として、「合理的(もしくは理性的な)[13]オーディナリ型自転車」(Rational ordinary bicycle)という車種も、新たに登場してきた。これは、その形態だけを見ると、一八七〇年代半ば頃のオーディナリ型に先祖がえりしたような感じのオーディナリ型で、後輪が大きめでフロントフォークが大きく後ろに傾いていた。この車種は複数のメーカーによって販売されており、一定の需要はあったと推測されるが、二、三年程度の短い期間販売された後に、他のオーディナリ型とともにほぼ生産されなくなっていった。

これまでの自転車史においては、多くの場合、オーディナリ型自転車の車輪は、時代が進むにつれて前後輪の大きさの差が広がったと述べられているが、当時の活字資料からは、その傾向を確認することはできない。前輪の大きさは変わらず、後輪の大きさも、一八八〇年ごろまでは小型化の傾向がみられるが、それ以降は変化がほぼみられない。ただ、各種の自転車カタログや広告に掲載されている多くの図版から、比較的現物に忠実であったと思われるものについて、前後輪の大きさ比率を図版上で計測すると、レーサーにおいては八〇年代に入っても、引き続き後輪の小型化が進んでいるという傾向がみてとれる。これはあくまでカタログ等に掲載されている図版における変化ではあるが、同様にしてロードスターなどのレーサー以外について計測した場合、八〇年代においては、後輪の小型化が進行しておらず、そこに何らかの変化があった可能性は高いと考えられる。それはもしかすると、レーサーにおいて実際に後輪が小さくなったという変化ではなく、後輪を小さくみせることによって、レーサーとしてより魅力的な製品とみられるようになっていったという買い手の嗜好、もしくは広告戦略上の変化であったかもしれない。ここで確実に言えることは、レーサーとロードスターという両車種を、明確に区別して論じる必要があるということであろう。

つぎにフロントフォークの角度の変化についてだが、これについても、これまでの自転車史研究では、車輪の大きさの変化と同様に、ただ、だんだんと垂直に近くなってきた、という以上の認識を持たれていなかった。個々の製品についてカタログ等の図版を見ていくと、垂直に近くなっていっているのがあきらかなのは一八八〇年頃まででで、それ以降の製品においては、メーカーによる差異が大きい。車種による違いでは、レーサーのほうが多少垂直に近いようではあるが、車輪のように図版から計測して差がわかるほどのものではない。それは、その差が非常に小さかったためで、たとえば一八八四年の年刊ハンドブックでは、自転車旅行用の自転車としてレイクが二〜二・五インチ（五〜六・三五センチ）のものが推奨されており、[14] レーサーはこれよりわずかにレイクが小さかったと推測される。だが、オーディナリ型の非常に長いフロントフォークにおいては、わずかでも角度が違えば相当大きな違いを乗り手は感じるはずで、とりわけ一秒以下のタイム差[15]を争うための自転車であるレーサーにおいては、重要な要素となっていたであろう。

レイクについての記述が頻繁に出てき始めるのは、合理的オーディナリ型が登場してくる頃であり、セーフティ型が主流になりだしたその時期に、重要な概念として認識されるようになってきていたようである。

## ハンドルバーとサドルの変化

現代でもそうであるが、自転車のハンドルバーの形状の違いは、乗車時の姿勢を規定する重要な部品であり、また自転車の見た目の印象を大きく左右する要素でもある。だが、オーディナリ型自転車においては、一八八二、三年頃までは、一般に販売されていたほぼすべての車種で、ハンドルはまっすぐの横一文字のままであり続けた。いくつかの実験的な車種[16]やごく一部のレース選手が使用していた自転車では、ハンドルバーを変形させるという工夫がみられ、たとえば、一八七八年に行なわれたレースの写真とされているものを見ると、一部の選手が後年見られるのと似た形状の、両端が下に曲がったハンドルバーを使用しているのが確認できる。(17) しかし、各種の自転車購入ガイドブックや販売用カタログや広告などでは、まっすぐなハンドルしか見ることができず、一部のレース競技者が、特注に近い形で変形ハンドルを作らせて使用していたのではないか、と考えられる。ハンドルバーがまっすぐであった時期でも、その長さに対しては大きな注意が払われていたし、グリップにも工夫がこらされていた。しかし、曲がったハンドルが採用されるようになってからは、それまでとは比べ物にならないほど多くの種類、形状のハンドルが現れてきた。そして、セーフティ型においては、より多様な形状のハンドルバーが登場してくることになる。

一八八〇年代半ば頃になってようやく、クランク式やドロップ式と呼ばれた両側が真下にぐにゃりと曲がったハンドルバー(図4-2)が普通に使われるようになり、両

図 4-2
① はクランク式、② はドロップ式のハンドルを採用した自転車(1884 年)

端のグリップ部分がT字型になっているものなども、そのころから見られるようになった[18]。一八八四年頃の時点では、両者が混在していたが、一八八六年頃になると、ほとんどのオーディナリ型が曲がったハンドルを採用するようになっている。グリフィンのガイドブックの一八八六年版で、まっすぐなハンドルを採用していることが明示されているのは、コヴェントリ・マシニスト社のレーサーのうちの一車種のみであり、それについても、曲がったハンドルを装着するオプションについての記述がみられる。また、同社もロードスターにおいては、片方ずつ取り外しが可能な、曲がったハンドルが基本仕様となっていた。

このころには既にセーフティ型が現れ、オーディナリ型の衰退がはじまっていたという事情もあるとはいえ、ひとたび曲がったハンドルバーが一般に採用されるようになってからは、その後、一直線のものに戻ることはなかった。レーサーにおいても、ロードスターにおいても、そして合理的オーディナリ型においても、それぞれ多少の形状の違いはあったようだが、水平位置より下にグリップがくるように曲がっているハンドルが採用されていた。一八八七年に書かれたH・スターメーによる著作の中でも、一八八二年からのオーディナリ型自転車の変化の中で最も重要なものがこのハンドルバーの変化であったとされており[19]、同時代的に見ても大きな変化であったことがわかる。

では、なぜ、オーディナリ型自転車が現れてから十年以上もハンドルの形状が改良されなかったのだろうか。オーディナリ型のハンドルバーは、その後の自転車のものとは大きく異なり、サドルと近接した位置にあるため、改良が困難であったということが、理由の一つとして挙げられよう。前傾姿勢をとることによって空気抵抗を減少させることの重要性については早くから認識されていたようだが、オーディナリ型においてて過度の前傾姿勢をとることとは、その形態的性質から胸部の圧迫につながり、呼吸が阻害されてしまう。ハンドルを下げすぎると、足があたりやすくなる、という問題もある。また、大きな前輪を適切にコントロールするためには、前輪が小さい自転車とは比較にならない大きな力が必要でもあった。

どのようにしてそれまで改良を拒んでいた問題が解決され、真一文字のハンドルバーが使われなくなったのかということについては、現在のところ裏づけとなる資料を見つけることができていない。ただ、レース用途以外の自転車においても、旧来型のまっすぐなハンドルをつけたものは、ほとんど販売されなくなっていったことからも、効率が少々改善されるといった小さな改良ではなく、乗車快適性の向上にもつながる、大きな改良だったことが推測できる。たとえ性能的に劣っていても、使い慣れた旧来型を支持し使い続ける者が、少数ながらでもいてもよいと思われるのだが、当時のサイクリストにおける、このような新しいものを受け入れる順応力の高さは、セーフティ型や空気入りタイヤへの急激な移行といった現象と符合しているとも言える。

一八八〇年代前半におけるオーディナリ型のいくつかの改良のなかで、ハンドルバーについで重要であると考えられるのは、サドルのスプリングの変化と、トレッド幅の縮小である。

一八八〇年頃までの自転車においては、サドルは板ばねによって衝撃をやわらげられていた。その後の二、三年で、乗車快適性を重視する三輪車の登場とあいまって、サドルの改良が急激に進んでいった。三輪車においては、より乗り心地に優れた、椅子型のシートを採用したものもあったが、そうした椅子型のシートは、手でレバーを操作して進むものや、足で駆動するものでもレバー式のように上下動の幅が少なめのものに、主に採用されていた。三輪車が登場し始めた一八八一年頃には、ペダル駆動のものでも、シートとサドルを選択できるようになっていた製品も多かったが、足の動作を妨げる形状のシートはあまり好まれなかったようで、二輪車と同様に主としてサドルが採用されるようになった。だが、そのように椅子型のシートと比較されたこともあってか、サドルにおいても、快適性の向上が進められていく。具体的な変化としては、サドルの形状が微妙に調整され、緩衝装置としてコイルスプリングが採用されるようになった。詳細は不明だが、この時期に、自転車以外の産業分野でコイルスプリングの需要が伸び、改良と低価格が進んだといった事情もあったのかもしれない。なお、オーディナリ型のレーサーにおいては、サドル形状の改良はあったようだが、コイルスプリングは採用されていかなかった。緩衝装置として板バネが使用されていた頃から、レーサーにはより簡素なバネが使用される傾向があった。乗車快適性の向上よりも、軽量化とロスの少ない動力伝達が求められたからであろう。

一八八〇年代末頃になると、フレーム部分にまでコイルスプリングを使用したセーフティ型自転車も登場した（図4-3）。一八八六、七年の製品紹介ガイドブック[20]ではそのような製品はみられないが、一八八九年の同種の書籍[21]には複数台掲載されていることから、一八八七年から一八八八年にかけて発売された新製品と推測される。オーディナリ型自転車では、大きな前輪とサドルから後輪へ続く長いフレームによって路面からの衝撃が緩和されていたため、セーフティ型自転車に同程度以上の乗車快適性を持たせるには、そのような工夫が必要となったのであろう。空気入りタイヤが一般的になると、スプリングを使用したフレームを持つセーフティ型は見られなくなった。[22]

## 踏み幅の変化

次に、一八八〇年代前半のオーディナリ型自転車において大きく改良が進んだ、トレッド幅の変化についてみていく。これは、これまでの自転車史研究で見過ごされてきた要素であるが、オーディナリ型からセーフティ型への移行にも関係する、大きな問題である。

FIG. 13.—THE BRITISH STAR SPRING-FRAME NO. 2 DWARF SAFETY ROADSTER.

FIG. 18.—THE DON SPRING-FRAME NO. 2 DWARF SAFETY ROADSTER.

図 4-3
フレームにコイルスプリングを使用したセーフティ型自転車（1889 年）

トレッド幅（tread）という単語は、三輪車の両側車輪間の距離を表す言葉としても当時使われていたが、ここで取り上げるのは、両足が乗っている左右二つのペダルの中心部間距離を表す単語としてである。(23) 以下、同じ意味を表す日本語である「踏み幅」と表記していく。オーディナリ型自転車はその構造上、踏み幅が大きめになることは避けがたい。大きな車輪を安定的に支えるためには、車輪の幅をふくらませてしまう長いスポークと、強度の高い大きなハブおよびフランジが必要となるからである。(24) 一方、また別の避けがたい特性として、高速で走行する際には相当に高めのケイデンスが必要であった。フリーホイール機構が採用されていなかったオーディナリ型自転車の時代においては、早く走ることとペダルをその分早く回すことはまったく同義であった。そして、大きめの踏み幅は、足を開いた、がに股に近い形でのペダリングを強制する、足のなめらかな動きを阻害する要因であった。一八八三年のレース記録から、どの程度の回転数で走られていたかを計算すると、短距離では四分の一マイルで四十から四十一秒、三分の四マイルで二分前後のタイムが記録されており、これらの速度は最も車輪の大きい（ギア比の高い）六十インチの自転車でも、一分間平均で百二十六程度の回転数を必要とする速さである。中距離でも、二十マイルで一時間を切るくらいのタイムが記録されていたので、これも六十インチで計算して、毎分平均百十二回転が必要となる。この数値は平均値であるので、瞬間的にはより高い回転数が必要であったし、六十インチより小さい自転車では、さらなる高回転が必要であった。クランク長が四〜五インチ(25)（百二〜百二十七ミリ）程度と現代の自転車と比較して短く、回転数を稼ぎやすかったとはいえ、かなりの高回転数であるといえよう。

グリフィンのガイドブックを見ると、一八七七年版では踏み幅についての記述はまったくみられない。一八七九〜八〇年版においてもそれほど多くの記述はないが、十七インチ（四百三十二ミリ）[26]のものが大きいと評され、十四・七五インチのものを平均より小さいとしている。一八八一年版になると、踏み幅についての言及が増加し、数値が記載されている製品も多くみられる。十五インチ程度が標準的な大きさで、十四インチや十三・七五インチのものを平均より小さいとしている。一八八四年版をみると、このころまでにはさらに踏み幅は小さくなり、十四インチのものが非常に大きいと評されており、もっとも小さいものでは、現代のシティーサイクルとあまり変わらない程度の、踏み幅十二インチというオーディナリ型も存在していた。

一八八〇年代前半の四、五年間にこのように急激に小さくなっていった踏み幅だが、一八八六年版においては、一八八四年版における状況からそれほど大きな変化がみられない。そこでは、十二インチを特筆すべき小ささと評しており、ロードスタータイプのあるオーディナリ型の十三・七五インチを大きいとも小さいとも言っていない。これは、一八八四年までの時点で技術的限界に達していたために、それ以上の縮小がなされなかったということでもあったかもしれないが、セーフティ型の登場によるところも大きかったのではないだろうか。各社が新たな形式のセーフティ型自転車の開発に力を注いだために、オーディナリ型の開発にさかれるリソースが減ったということも起きたであろうし、それに加えて、踏み幅を小さくするという改良においては、車輪の小さなセーフティ型のほうが、圧倒的に有利であったからである。

セーフティ型においても、レバータイプのものやカンガルー型など、構造上踏み幅がオーディナリ型並かそれ以上に広いものもあった。たとえば、一八八五年にH・スターメーによって書かれた、さまざまなセーフティ型の詳細なスペックが記載されている書籍[27]を見ると、カンガルー型の掲載数が多いこともあって、ほとんどの車種が十三～十四インチと同時期のオーディナリ型並みの踏み幅であった。しかし、たとえばファシルにおいては一八八四年の時点ですでに十インチとオーディナリ型より大幅に小さい踏み幅を実現していた[28]。そして、一八八六年版においては、いくつものセーフティ型が十インチ以下の踏み幅を持ち、もっとも小さいものでは八・五インチ（二百十六ミリ）となっていた。そこではローバー社のセーフティ型については、狭いとは書かれていないものの数値で明記されていないが、踏み幅が小さい製品の多くは、後輪をチェーンで駆動する、ローバー型のセーフティ型自転車であった。いまだフリーホイールが採用されていなかったこともあり、踏み幅の狭さは、ペダルとクランクを車輪から独立させた後輪駆動の自転車が、他の競合製品に対して持っていた大きな利点だったのである。この約十年後の一八九六年に書かれた書籍[29]においても、ローバー社やハンバー社などの後輪駆動式セーフティ型がカンガルー型より優れていた部分として、踏み幅の狭さが指摘されている。

この章でとりあげてきた、ハンドルやサドル周りの変化といった、自転車の見た目を大きく左右する要素の変化、改良については、実用的もしくは性能的な観点からだけでは説明のつかないことなのかもしれない。前後輪の大きさの比率の変化や、前方からの見た目が細くなるというトレッド幅の変化においても同様であるが、見た目の美しさや恰好のよさといった要素も考慮される必要がある。自転車の値段の差は、性能のみならず、外見の仕上げの違いなどにもよるところも大きく、各メーカーにおいて併売されていた廉価な製品と高級な製品は、製品名で区別されるだけでなく、見た目で差がついている必要があった。また、これには防錆効果などの実用的側面もあったが、二ポンド前後という高額の追加料金を払って、車体にエナメル塗装をするオプションも用意されていた[30]。

他にも、オーディナリ型における大きな外見上の変化として、一八八〇年前後に、坂を下る際に足を置く場所や、乗車時に使用するステップが、簡素化もしくは省略されていった。これも、軽量化への志向という性能上の理由でも説明可能ではあるが、外見上の違いに対する、嗜好の変化によるところが大きかったと考えられる。とくに、ロードスターよりもレーサーにおいては、性能的な理由からのみならず、外見上の理由から、よりシンプルで簡素な作りのものがもてはやされやすい、ということもあったのではないだろうか。現代において、ロードレーサーの自転車に泥除けやスタンドなどをつけることを格好悪く感じるのと、同様の意識が存在したのではないかと推測できる。

一八八〇年代の前半には、曲がったハンドルバーが登場してくるのと前後して、短いハンドルバーが好まれるようになったが、これについても、より直裁的な操作性への嗜好の変化や、上級者ぶるために操作が難しいものが選ばれたというような、機能に由来する原因を挙げることは可能である。しかし、踏み幅の急激な減少にともなって、車体が細くなっていった結果、見た目の均整をとるために短くなっていったとも考えられる。曲がったハンドルバーがまっすぐなハンドルバーにとってかわったことについても、外見上の嗜好における流行の一種と解釈したほうが、適切なのかもしれない。

オーディナリ型自転車を購入しようとしたのは、ほとんど男性であり、しかも多くは若く、身体的な娯楽への志向が強い人々であった。そうした人々は、細かな性能差にも敏感であったであろうし、流行的な変化であっても、その発端には機能的な理由が存在していた場合が多かったであろう。しかし、全体的な傾向として考えると、自転車を選ぶ際により重視されたのは、細かな性能の違いよりも、ここまでみてきたような外見上の違いのほうではなかったかと思われる。そして、同時に自転車を選ぶ際に大いに参考とされたと考えられるのが、自転車の製品名である。

## 「レーサー」と「ロードスター」

自転車の製品名としては、生産社名（もしくは生産者、生産地の名）のみを冠する場合もあったが、多くの場合は、何らかの愛称的な商品名がつけられていた。そのような製品名の自転車は、オーディナリという呼び名が定着する以前、さらには前輪の著しく大きな自転車が現れる以前からみられた。たとえば一八六九年にも、「エクセルシオール」[31]や「ファントム」[32]といった名のついた自転車が売られていた。「エクセルシオール（Excelsior）」はラテン語で「優れた」という意味で、この自転車は三十二～四十インチの前輪を持っていた。「ファントム（Phoantom）」は「幻影」や「幽霊」といった意味で、速さや軽さを想起させる語として用いられたのであろう。こちらは、前後輪の大きさがあまり変わらない、ミショー型に類する自転車であった。

前輪が大きな自転車が現れだした一八七〇年代初頭には、シェークスピアの『テンペスト』（一六一〇～一一）に登場する大気の精霊からとられた「エアリアル（Ariel）」や、車輪のスポークの新しい張り方に由来する「テンション（Tension）」などが現れてきた[33]。「テンション」のように、製品に採用された新技術を商品名にする、という命名法は、その後のオーディナリ型においても多くみられる。たとえば、スポーク関連では「タンジェント（Tangent　現代にまで残る、スポークの張り方の一種）」や「ソリッド・スポーク（Solid Spoke　丈夫なスポーク）[34]」、フロントフォーク関連の「中空フォーク（Hollow Fork）」や「DHF（Double Hollow Fork　左右両側のフロントフォークが、それぞれ二本の中空パイプで構成されていた）」などを挙げることができる。

一八七〇年代後半以降、さまざまなメーカーがオーディナリ型自転車を販売するようになり、各社それぞれ工夫をこらした名前をつけていく。どのようなものがあったかについて、グリフィンのガイドブックの一八七七、一八八一、一八八六の各年版に掲載されている製品についての一覧表を本書の巻末に附録として載せておく（附録1－①～③）。

こうした名前、愛称名は、製品そのものが複数回のモデルチェンジを経て大きく変化した後も、同じメーカーによって引き続き同じものを使い続けられることが多かった[35]。本書で附した表のなかでは、「インビンシブル（Invincible　無敵の）」や「プレミア（Premier　もっとも優れた）」などが好例であろう。また、「エクスプレス（Express　速達の）」や「スター（Star）」、「ブリタニア（Britania）」などのように複数のメーカーによって同じ名称が使われ続けた例や、コヴェントリ・マシニスト社の「クラブ（Club）」やシンガー社の「チャレンジ（Challenge）」のように、初期には複数のメーカーによって使われていた名称が、後には独占的に使われるようになっていった例なども存在する。一八七〇年代から八〇年代にかけては、商標登録に関する法律が整備され始めた時期[36]でもあり、自転車の製品名においても、各社が商標登録を進めていったと推測される。

また、一八八六年版の表、附録1－③にみられるように、一般にそして本書でもセーフティ型と呼んできた自転車は、当時は「セーフティ（Safety　安全な）」という語ではなく、「ドワーフ（Dwarf　小さい、矮小な）」という語によって、オーディナリ型と区別されていた。その状況は、一八八九年版においてもまだ続いていた。これは、同じ名称を用いて、オーディナリ型とセーフティ型の両種を同時に販売していたことによるところが大きいのではないかと考えられる。オーディナリ型の販売で確立させたブランド名称をそのまま両方に使用していきたい、という意図もあったであろうが、「セーフティ（安全な）」という語を強調することは、オーディナリ型が安全でない乗り物であることを自ら認めることにもなってしまうという悩ましい問題が、そこには存在していた。

オーディナリ型自転車の名称としては、ここに挙げた一八七七年版と一八八一年版の比較からもわかるように、オーディナリ型が技術的完成を遂げていく一八七七年から一八八〇年頃の間に、「レーサー」と「ロードスター」という車種名が現れてくる。この二つの名称は、当時の言説の中から明確な言及を見つけることはできていないが、他の自転車関係の用語と同様に、馬および乗馬に関する言葉の用法から流用されたものであろう。レーサーは競争するための速く走る馬を、ロードスターは遠くへ乗っていくことができる丈夫な馬を指す言葉であった。また、ロードスターという名称は、軽快に道を行くことを楽しむ、軽装無蓋二座の馬車を指す言葉としても当時用いられており、この用法は、後に自動車へと受け継がれていった。

これら二つの車種名が登場した当初は、どちらの名称も冠されておらず、値段が三割程度安く、中空フロントフォークなどの技術を採用していない自転車も、同時に販売されていた。一八七九〜八〇年版では、それらの車種名が冠されている製品は、掲載されている全百二十台中、レーサーが十四台、セミ・レーサーが四台、ライト・ロードスターが三台、ロードスターが三台のみとなっている。他に、製品の紹介文中で、ロードスターという語が用いられているものが七台あった。[37] 一八七七年版でも、解説文中にはレーサーやロードスターという語が使用されているが、その時点では製品としてはまだ分化が進んでおらず、用途によって装備を変更するという販売形式が主流であった。これが一八八一年版になると、ほとんどすべての製品にどちらかの車種名が付くようになっており、全掲載五十八台中レーサーが六台、ロードスターが四十七台であった。この時点で、掲載製品におけるレーサーの割合は一割程度に減ってきており、この割合自体は、一八八四年版でもさほど変化は無いが、[38] 一八八六年版のオーディナリ型においては、全四十九台中の十五台がレーサーとなっており、あらためてレーサーの割合が増加してきていたことがわかる。これは、ロードスターを好むサイクリストのほうが、セーフティ型（もしくは三輪車）へと、より速やかに移行していったためと推測される。この二種の車種区分は、三輪車にも、そして各種セーフティ型にも適用されていったが、三輪車やセーフティ型においては、ほとんどの製品がロードスターであった。また、ナンバーの大小（No.1がもっとも高級で、ナンバーが大きくなるほど安価な自転車となっていた）によってグレードを表すという方式もオーディナリ型から引き続いで使用されていった。

一八八〇年頃の、この二種類の車種名が冠されだした当初の時期においては、「レーサー」は乗り心地などを犠牲にした簡素で軽量なモデルで、「ロードスター」は「レーサー」並みの高性能な部品を使用しつつも、軽量化よりも乗り心地を優先したモデルという区別をみることができる。メーカーによっては、フレームは共通で、ホイールの幅やタイヤゴムの厚みや溝の刻まれ方、サドルのスプリングといった装備品が違うのみというものもあったが、多くの場合は、それらの違いに加え、後輪の大きさやフロントフォークの角度といったフレームの形態自体においても異なっていた。その後、一八八〇年代半ばには、「レーサー」においては高価格で高品質な製品が主流となり、「ロードスター」においては廉価な車種が主流となっていった。その時期には、フロントフォークの角度の差は小さくなっていたが、以前と同様にサドルやホイールとタイヤ、そして後輪の大きさの違いといった、旧来からの区別はほとんど残っており、さらに、スポークのゲージ（太さ）といった新たな差異も加わっていた。同じメーカーの製品で比較した場合、レーサーのほうにより細いスポークが採用されていた。その効果としては軽量化が喧伝されていたが、実際は空気抵抗を減少させる効果のほうが大きな意味を果たしていたであろう。スポークの太さへの意識が出てくるのと同時期に、中空リムの採用も見られる。

## セーフティ型の「レーサー」と「ロードスター」

セーフティ型自転車が登場してくると、「レーサー」と「ロードスター」という名称は、少々複雑な状況におかれることとなった。セーフティ型登場当初から一八九〇年前後までの移行期にかけては、各種セーフティ型にもこの車種区分が適用され、グリフィンの一八八六年版と一八八九年版のガイドブックでは、ほとんどのモデルをロードスターと呼んでいた。(39) だが、その後十九世紀末から二十世紀初頭にかけて、オーディナリ型自転車が完全に廃れていく過程においては、少なくともイギリスにおいてはロードスターという語はあまり用いられなくなり、ときにはその語がオーディナリ型のロードスタータイプの自転車を指す、といった事態も見られるようになった。

イギリス以外の他国においてはまた状況が異なっており、たとえばアメリカでは、この時期のセーフティ型自転車においても、ロードスターとレーサーの車種区分が、新たに付け加わった女性用（Ladies'）と共に、基本的な車種区分として大きな位置を占めていた。その他の国の詳細な状況については把握できていないが、フランスやベルギー、オランダでは、現代にまで続いているようなレースがこの時期にいくつも始まっており、またドイツを筆頭とするその他の国々では、この時期以前には自転車自体がそれほど入ってきていなかった。そのため、自転車趣味におけるレースの位置づけや、自転車の車種区別に対する意識が、イギリスとは大きく異なっていたと考えられる。一八九〇年前後における自転車愛好家のレース参加離れという現象は、他国に先駆けて一八七〇年代から自転車趣味が発達していったイギリス特有のものであったのかもしれない。

イギリスにおいては、その後セーフティ型自転車が普及していくに伴って各種改良と車種分化が進み、現在まで英国式ロードスター[40]と呼ばれている車種も確立されていく。しかし、セーフティ型自転車が登場したその初期においては、チェーン機構への信頼性[41]の低さ、前輪が小さくなったことによる車輪で吸収される衝撃の減少、前後輪の大きさが近くなったことによる泥除けの必要性[42]など、いくつかの新たに発生した未解決な問題があった。そのため、乗車快適性や長距離走破性といった点で、オーディナリ型の比較的高級な部類のロードスターと同程度以上の性能をもっていたのか疑わしいモデルも多かったが、その志向性としてはレーサーではなく、ロードスター寄りであった。先に述べたように、セーフティ型の登場によって、オーディナリ型におけるレーサーの製品割合が増加したことからも、それは裏付けられる。そして、それらの問題点が解決されていき、空気入りタイヤやフリーホイールの採用といった改良を経てさらなる洗練をとげた後、少なくとも機能面に関しては、より理想的なロードスターへと発展したはずであった。だが、その時には既にその名では呼ばれなくなっていたのであった。

なぜそう呼ばれなくなったのか。それは一つには、ロードスターという車種概念がレーサーと対を成すものであったことに起因していると考えられる。セーフティ型の、レーサーという車種区分にあたるモデルが、オーディナリ型の場合と異なって、一般の愛好者層にはあまり売れなかった（もしくは売られなかった）のは、車体の構造の違いから生じる問題とも深く関係している。

オーディナリ型におけるレーサーとロードスターとの間の差異は、装備の違いによる部分が大きく、また両者の中間にあたるセミ・レーサー（Semi-Racer）や軽装のロードスター（Light-Roadster）といった車種も、多くのメーカーが販売していた。購入希望者は、そのような連続的な差異をもつ製品群の中から、自分の希望に沿ったものを選ぶことが出来た。また、オーディナリ型においては、泥除けやサドルのスプリングといったものは、より快適にするための装備で、備えてなくても最低限の快適性はそこなわれないものであった。だが、セーフティ型では大きく事情が異なっていた。セーフティ型自転車の泥除け、サドルを支えるスプリング、そしてチェーンガードなどの装備は、なくては困るものであり、また、それらを装備していないセーフティ型のレーサーは、オーディナリ型のレーサー以上に使いにくく、乗る人を選ぶ自転車だったのであろう。セーフティ型の場合も、それらの装備を多少削った軽装のロードスターが存在はしていたが、数も種類も少なかった。

また、セーフティ型においてレーサーが衰退した、もう一つの大きな理由として、草レースを楽しむような形の自転車趣味が、少なくともイギリスでは、はやらなくなってきていたことが挙げられよう。自転車が普及し始めた頃に、自転車レースへの参加は、自転車趣味への求心力として比較的大きな影響力を持っていたが、愛好者が増加することにより、競技レベルが上がるとともに、身体的能力にそれほど自信のないような人々も自転車に乗りだすようになり、レースへの参加に興味を持たない層が増えてきていた。多くの観客を収容して自転車のトラック競技を行なうことのできるスタジアムも増加し、他のスポーツが同時期にたどっていった変化と同様に、自転車レースというスポーツも、自ら走るものから、観客として見るものへと変わってきたのである。

カンガルーやローバーのセーフティ型自転車は、公道での百マイルタイムトライアルを行ない、オーディナリ型よりも早く走れることを世に示したことで、普及の基礎を築いたが、その宣伝にのった人々が必ずしも皆、自分で同じようなことをやろうとしたわけではなかった。このことに関しては、第三章で述べたように、イギリスで大規模な自転車のロードレースを開催することが困難であった、という事情も大きく影響している。

レーサータイプの自転車が一般的でなくなり、ロードスタータイプが多くを占めるようになるという傾向は、セーフティ型の普及とともに進行した現象ではあったが、オーディナリ型が主流であった時期にも既に見られた。そして、「ロードスター」という名前は、機能や用途を表すものとして以上に、オーディナリ型自転車そのものの呼び方として定着していた。それゆえ、新しい自転車として売り出されたセーフティ型のものにその名を冠することは、無用な古臭さを商品に付加する行為として避けられたといった事情もあったのではなかろうか。その「古臭さ」はオーディナリ型自転車から感じられるものであると同時に、乗馬や馬車との関係性から感じられるものでもあったのであろう。それはまた、オーディナリ型自転車が登場した頃には多くの人が抱いていた、馬の代替物としての自転車、乗馬やキツネ狩りへの憧憬といった意識、感情が、もはや一般性を失っていたことをも意味する。

この章では、オーディナリ型自転車がどのように変化していったのかということについて、自転車の側の変化を中心に据えて述べてきた。これまでの自転車史において、一様なものとしてひとくくりにされがちであった、一八八〇年代のオーディナリ型自転車においても、「レーサー」と「ロードスター」という車種の分化や、さまざまな改良が存在していたことを示した。それらの製品としての自転車おける変化は、第二章および第三章で述べた、一八八〇年代における自転車文化の変化と対応するものであると言えよう。

# 第五章

## 自転車旅行と出版物——ロードマップ、自転車旅行記

自転車が登場する以前にも、十八世紀の乗合馬車、十九世紀の鉄道といった各種交通手段の発達と普及により、人々が徒歩以外の手段で移動や旅行をすることは、それほど特殊な行為ではなくなっていた。しかし、馬車にしても船にしても鉄道にしても、旅行の手段として利用する際には、人は乗客としてその乗り物に身を委ね、目的地への到着までその乗り物の中で時間の経過を待つこととなる。もちろん経路や目的地はある程度自由に選択することが可能であり、道中においては景色の移り変わりを楽しむこともできる。また、その景色の過ぎ行く様や車両の揺れ具合から自分の身体がかなりの速度で移動していることを感じ取るであろうし、何度も加速や減速の感覚を味わうであろう。

だが、そういった体験と、自転車で旅行をする体験との間にはあきらかに大きな違いが存在する。自転車に乗ることによって、人はより自由に自らの意思に基づいて、歩くより格段に速く、楽に、長距離を移動することが可能となった。それは自家用の（もしくは借り物の）馬車や馬に乗ることによっても実現できたことではあるが、自転車はそういった手段よりも格段に安価で利用しやすいものとして登場し、普及していった。馬を用いるのとは異なり、自分の身体の力で進まねばならないという点もまた、新奇なものであった。

自転車による移動や旅行が、真に一般的な誰でも行なうことが可能なものとして現れてくるのは、一八九〇年代半ば以降のことではあるが、前章でも述べたように、それ以前の時期においても、自転車という乗り物は、トラックでレースを行なうものとして以上に、路上を走るための乗り物として進化し、発展していった。この章では、十九世紀における自転車旅行がどのようなものであったかを、当時の各種出版物の分析からあきらかにしていく。

## 自転車旅行の一般化

自転車がまだ珍しいものであった一八七〇年代半ば頃、自転車で長距離旅行をすることはニュース性を持った大きなイベントであり、冒険的要素の強いものであった。そしてまた、その目的も、旅行すること自体よりも、自転車がかような長距離を移動することが可能な、実用的な乗り物であることを世に示すこと、あるいは各地のまだ数が少ない自転車愛好家との交流などに主眼が置かれていた。そういった性質を持った長距離行としてもっとも有名で、大きなインパクトを与えたのは、一八七三年の六月にチャールズ・スペンサー（Charles Spencer）ら四人が十四日間かけてなしとげた、ロンドンからブリテン島北端（John o'Groats）までの走破であろう（図5-1）。このイベントはいくつもの雑誌や新聞で記事にされ(1)、自転車の知名度を高めることに大きく寄与した。こうした長距離行とまた違った挑戦的な行為としては、一八七四年九月二十八、二十九日の両日に、J・F・R・ウッドによるロンドン〜バース往復二百十四マイルを二十七時間ほとんど休みなしに走行[2]する、というものがあった。

図 5-1
ロンドンからブリテン島北端への自転車旅行（1873 年）

こういった、トップクラスの自転車乗りによって行なわれる冒険的、挑戦的な長距離行は、都市間、地点間のレコードタイムを競う行為からロードレースへと発展し、さらにトラックへと場を移しつつ、五十マイル、百マイルのレコードタイム、二十四時間、六日間の走行距離記録を競う、より洗練された形での競争へと変化していった。また、より長距離長日程の旅行や、自転車未踏の地の走破、といった方向への発展も進み、大陸への旅行記が自転車雑誌に連載されるようになる。その一つの大きな到達点として、アメリカ人トマス・スティーブンス（Thomas Stevens）が一八八四年から足掛け四年を費やしてなしとげた、オーディナリ型自転車による世界一周という偉業が存在する。

しかし、自転車による旅行は、より速くより遠くへと発展していくと同時に、だんだんとひろく一般的なものへとも発展していった。各人の身体的能力という限界はあるものの、しだいに自転車旅行をとりまく環境も整備され、より容易に楽しめる娯楽へと変化していく。

一八七八年に自転車によるツーリングを普及推進することを主たる目的とした全国的な組織としてBTC（二輪車ツーリング・クラブ。後のCTC）が設立され、その会員は、地方の支部でその地域の情報を得ることが出来るようになり、制服の着用によってホテルや鉄道がよりスムーズに利用可能となった。BTCが行なった各種の活動、道路の改良や自転車乗りの地位向上を求める運動、道路標識の設置などは、会員でない自転車愛好家にも大きな恩恵をもたらした。BTCはホテルガイドやルートガイドとして年刊のハンドブックを出版したが、他にも自転車用のロードブックやガイドブックが刊行されるようになっていく。このような環境の整備や情報の充実が進むことにより、自転車クラブに入会して、普段の会合やクラブ・ランという場を通して、経験者から知識を得たり指導を受けたりする必要はだんだんと薄れていったであろう。

一八八〇年代に入ると、ランプやバッグなどを中心に自転車の付属品の種類が増え始め、乗り心地を大きく改善させるサドルへのコイルスプリングの採用と、そのさらなる改良も盛んになった。そしてその時期には、従来の二輪のオーディナリ型自転車（bicycle）とは別次元の安全性をもった三輪車（tricycle）という乗り物が、さまざまな形態でもって作られていった。三輪車は、わずか二、三年のうちにチェーンの改良を中心とした大幅な進化をとげて、重くて鈍重な乗り物から、オーディナリ型に匹敵する完成度を持つ、軽快で快適な走行が可能な製品となっていった。だが、この三輪車の進化改良に伴う技術的発展は、自転車という乗り物に新たな地平を切り開き、三輪車と同程度に安全でより軽快な、各種セーフティ型自転車の開発をうながすこととなる。

また、このセーフティ型の登場により、三輪車はオーディナリ型と共にまたたくまに過去のものとなったのである。

次節以降では、自転車旅行と関係の深い各種出版物として、ロードブックやガイドブック、そして自転車旅行記といったものについてみていく。

## 自転車用ロードブック

旅行用のロードブックやガイドブックとしては、馬車旅行用のものが十八世紀から版を重ねて刊行されており、その後十九世紀半ば以降の鉄道旅行の普及にともなって新たな様式のものが出版されてきた。前者の代表的なものとしては『パターソンズ・ロード』シリーズを[3]、後者の代表的なものとしては『ブラックス・ガイド』シリーズを挙げることができる。これらは、六〜七百頁程度[4]の厚みを持ち、数百のルート（『ブラックス』のほうが少ないが、それでも二百程度）について、道中の主要地点間距離表（里程表）と主要都市や名所、ホテルのガイドを収録し、無数の分岐点がインデックス化された、非常に詳細なものである。だが、自転車旅行のために利用するとなると、適当とは言い難かった。大部にすぎるため、荷物を極力抑えたい自転車旅行での携帯に不適ということもあるが、旅行計画を立てる段においても、必要な情報がけっして十分には提供されておらず、補助的に利用できるにとどまるものであった。

自転車旅行においては、都市間地点間の距離とともに、路面の状態や勾配の様子がもっとも重要な情報となってくる。道路の状況により走行速度が大きく異なるため、そうした情報なしには、適切な旅行計画を立てることが困難でもあった。より詳細な

# ROUTES THROUGH ENGLAND.

I. LONDON.—ROCHESTER.—CANTERBURY. [MARGATE.—RAMSGATE.—SANDWICH.—DEAL.] DOVER.

| ON RIGHT FROM LOND. | From Dover. | | From London. | ON LEFT FROM LOND. |
|---|---|---|---|---|
| | 67 | Deptford. cr. river Ravensbourn, to Greenwich, 1 mile, thence to Woolwich, $8\frac{1}{4}$. | 4 | Greenwich Hospital. |
| | $65\frac{1}{2}$ | Blackheath. | $5\frac{1}{2}$ | Greenwich Park, a royal demesne, the favourite resort of Londoners. Woodlands. |
| Morden College, consisting of almshouses for decayed merchants. | | | | Charlton House, a fine specimen of the old manor house, the work of Inigo Jones, Sir T. M. Wilson, Bart. |
| Sevendroog Castle, erected to commemorate the reduction of Sevendroog in 1756, a strong fort on an island near Bombay. | $62\frac{3}{4}$ | Shooter's Hill. | $8\frac{1}{4}$ | Belvidere, the seat of Sir Culling E. Eardley, Bart. |
| Danson Park. | $60\frac{3}{4}$ | Welling. | $10\frac{1}{4}$ | Wickham. |
| Crayford derives its name from an ancient ford over the Cray. In this and the adjoining parish are a number of deep artificial caverns. A battle was fought here in 457 between the Saxons and the Britons. | $57\frac{3}{4}$ | Crayford. cr. river Cray. | $18\frac{1}{4}$ | |
| | 56 | Dartford. cr. river Darent. | 15 | At Dartford may be seen the remains of a nunnery founded by Edward III. A branch of the old Roman Watling St. passes through the town. Here Wat Tyler's rebellion commenced. |
| | 54 | Horn's Cross. | 17 | Ingress Park. |
| Wombwell Hall. | $50\frac{3}{4}$ | Northfleet. | $20\frac{1}{4}$ | Northfleet commands a very extensive view. The church contains several handsome monuments. |
| Gravesend is considered the limit of the port of London, being the place where ships are obliged to lie till visited by custom-officers. Steam- | 49 | Gravesend. | 22 | Milton Church. |

B

図 5-3
『ブラックス・ガイド』(1868 年版)より

# I.

## GREAT AND DIRECT ROADS,

MEASURED FROM THE

SURREY SIDE OF LONDON BRIDGE, THROUGH GREAT DOVER STREET.

WITH THE

*ROADS BRANCHING FROM THEM*

TO

MARKET AND SEA-PORT TOWNS.

| | M. F. P. |
|---|---|
| From the Surrey Side of London Bridge to the Bricklayers' Arms... | 1 - 0 - 14 |
| From the Surrey Side of Southwark Bridge to Ditto ...................... | 1 - 1 - 18 |
| From the Surrey Side of Blackfriars' Bridge to Ditto...................... | 1 - 6 - 0 |
| From the Surrey Side of Waterloo Bridge to Ditto ...................... | 1 - 5 - 26 |
| From the Surrey Side of Westminster Bridge to Ditto...................... | 1 - 5 - 39 |

| MEASURED from LONDON BRIDGE. | | LONDON TO DOVER. | | THROUGH DARTFORD, ROCHESTER, and CANTERBURY. |
|---|---|---|---|---|
| | From Dover | *From the Surrey Side of* | From London | |
| HATCHAM. Mrs. *Hardcastle.* | 71 | London Bridge *to the* | | HATCHAM. *W. Holcombe,* Esq.; and *Tim. Stanfield,* Esq. |
| DEPTFORD. The Royal Dock-yard, Victualling-depôt, and an Hospital for decayed Pilots. | 70 | Bricklayers' Arms | 1 | BLACKHEATH. Admiral *Legge*; Bishop of *Oxford*; Hon. *Augustus Legge*; Dow. Countess of *Dartmouth*; *Thos. Halifax,* Esq.; and Morden College, for decayed merchants. |
| | $69\frac{1}{2}$ | Green Man Turnpike | $1\frac{1}{2}$ | |
| | | Cross the Surrey Canal | | |
| BLACKHEATH. In Greenwich Park is the Ranger's House, Princess *Sophia* of *Gloucester*; near which are the houses of — *Heisch,* Esq.; and Col. *Campbell.* On the east side of the park is the residence of *R. Dixon,* Esq.; and a castellated building, called Vanbrugh House, belonging to *William Bennet,* Esq. | $68\frac{1}{2}$ | Turk's Head, *or Halfway-House* | $2\frac{1}{2}$ | SHOOTER'S HILL is supposed to have derived its name from the exercise of archery carried on in the neighbouring woods in former times. Near the road, on the top of the hill, stands Severndroog Castle, which may be seen at a great distance from almost every part of the adjacent country. It is a triangular structure, with turrets at each angle; and was built by Lady James, to commemorate the reduction of Severndroog, in 1756, a strong fort which belonged to Angria, the pirate, on an island near Bombay, in the East Indies. From the summit of this tower a most delightful view of the surrounding country is obtained, including the metropolis, the shipping on the river Thames, and the long range of the Surrey hills, the top of the building being 482 feet above the level of the sea. |
| | $67\frac{3}{4}$ | Hatcham, *New Cross* Turnpike | $3\frac{1}{4}$ | |
| At the 6th mile-stone, Woodlands, *John Angerstein,* Esq.; West Comb Park, *unoccupied*; and East Comb Place, Dowager Countess of *Buckinghamshire.* | | *To Hyde Park Corner, through Peckham and Camberwell, over Vauxhall Bridge,* $5\frac{1}{2}$ *m.* | | |
| | | Cross the Croydon canal | | |
| At the 7th mile-stone, Charlton House, the residence of *Sir T. Maryon Wilson.* The mansion is very pleasantly situated, and exhibits a good specimen of the style of building in vogue during the reign of James I. It forms an oblong square, with projections at the ends of each front, crowned by turrets, and an open ballustrade which surrounds the summit of the whole. The centre also projects, and the entrance is ornamented by Corinthian columns. The saloon is richly ornamented; the ceiling is still in the original state, as finished by Sir Adam Newton, and exhibits the royal arms, and ostrich | $67\frac{1}{4}$ | New Cross, *Marquis of Granby* | $3\frac{3}{4}$ | |
| | | Enter Kent. | | |
| | | *To Bromley* $6\frac{1}{4}$ *m.* | | |
| | $66\frac{3}{4}$ | Deptford, *Turnpike* | $4\frac{1}{4}$ | WELLING, beyond, Danson Park, the seat of *John Johnson,* Esq. The mansion is a handsome fabric, standing on a commanding eminence, in a pleasant park. The original designs were given by Sir Robert Taylor, but were somewhat departed from in raising the superstructure: on the principal floor |
| | | Cross the riv. Ravensbourn | | |
| | | *To Lewisham* $1\frac{1}{2}$ *m.* | | |
| | | *to Greenwich 1 m., thence to Woolwich* $3\frac{1}{2}$ *m.* | | |
| | 66 | * Blackheath, *Green Man* | 5 | |
| | | *to Woolwich 4 m.* | | |

図 5-2
『パターソンズ・ロード』(1826 年版)より

e

**Ash to Sandwich** ($3\frac{1}{2}$—$67\frac{3}{4}$) is an easy road, short descent at 1*m.* out of Ash, then level across the marshes; through Sandwich is paved and bad riding.

(*Sandwich:* Bell, *C.T.C.*; Fleur de Lis.)

About 1*m.* on *l.*, before Sandwich, the remains of Richborough Castle, the ancient Rutupiæ, one of the earliest Roman works in England; near it are remains of a Roman amphitheatre. Nearly 1*m.* N. of Sandwich, on Ramsgate road, is Great Stonar, now a farm-house, the site of a considerable town in Norman times. Sandwich is nearly enclosed by the old walls; it has two ancient churches.

## LONDON TO DEAL.

**London to Littlebourne** ($58\frac{3}{4}$)—p. 5.

**Littlebourne to Deal** ($13\frac{3}{4}$—$72\frac{1}{2}$); undulating to Bramling, 60, where keep to *r.*, and through Knowlton, $64\frac{1}{4}$, over How Bridge, $68\frac{1}{2}$, through Cottington, 69, Sholden, 70, and Upper Deal, 71.

[Or to *Sandwich*, $67\frac{3}{4}$—p. 5, then through Worth, $68\frac{3}{4}$, Hacklinge, $69\frac{3}{4}$, Cottington, $70\frac{3}{4}$, Sholden, $71\frac{3}{4}$, and Upper Deal, $72\frac{3}{4}$, to *Deal*, $74\frac{1}{4}$.]

(*Deal:* Black Horse, *C.T.C.*; Crown Inn, *Hqrs.*; Royal; Royal Exchange.)

Past Bramling, on *r.*, Dane Court and Goodnestone Park. At Knowlton, on *r.*, Knowlton Park. Deal Castle; 1*m.* on N. Sandown Castle, built by Henry VIII.; 1*m.* on S. is Walmer Castle.

## LONDON TO DOVER.

**London to Canterbury,** King's Bridge ($55\frac{1}{4}$)—p. 3.

**Canterbury to Bridge** ($3\frac{1}{4}$—$58\frac{1}{2}$); continuing straight through Canterbury, there is a long rise out of the city, and then undulating with a short steep fall into Bridge.

Before Bridge, on *r.*, Renwell and Bridge Hill *Ho.*; on *l.* Bifrons.

**Bridge to Lydden** ($7\frac{3}{4}$—$66\frac{1}{4}$); out of Bridge there is a stiff hill to mount, then over Barham Downs the road consists of a series of little hills up and down to Halfway House, $63\frac{1}{2}$, after which it is level for more than 2*m.*, with the long but not steep descent of Lydden Hill into Lydden; splendid smooth and hard road, except on Lydden Hill.

Past Bridge, on *r.*, Bourne *Ho.*; on *l.*, Higham; about 3*m.* farther, on *r.*, Barham Court and Barham Place; on *l.*, Den Hill. Near Halfway House, on *r.*, Broom Park. About 3*m.* on *l.* is Barfreston *ch.*, an ancient and interesting structure.

**Lydden to Dover** ($4\frac{3}{4}$—71); good road, undulating to Ewell, 68, and thence gently downhill through Buckland, $69\frac{1}{2}$, and Charlton, $70\frac{1}{4}$; good road, but last $1\frac{1}{2}$*m.* macadam streets.

(*Dover:* Dover Castle; Esplanade, *Hqrs.*; Harp; Shakespeare; Temperance; Victoria; Royal Oak, *C.T.C.*)

Dover lies in a valley, and eastward of it on a hill is the castle, an extensive fortification, part of it supposed to have been built by the Romans. St. Mary's *ch.* and St. James's *ch.*; Maison Dieu; Dover Priory. About $\frac{1}{2}$*m.* S.W. is Shakespeare's Cliff, which of late years has been much undermined by the waves; $2\frac{1}{2}$*m.* W. the ruins of St. Radigund's monastery (or Branside Abbey), founded at the end of the twelfth century.

## LONDON TO CRAYFORD (by Eltham).

**London to New Cross** ($3\frac{3}{4}$)—p. 1.

**New Cross to Lewisham,** Bridge ($1\frac{1}{4}$—5); take the right hand fork

図 5-5
『ロード・オブ・イングランド・アンド・ウェールズ』
(1884 年版)より

## GREAT SOUTHERN DIRECT AND BRANCH ROADS.

**ROUTE No. 1.**

**London to Dover.**

Viâ *Dartford, Rochester, and Canterbury.*

LONDON BRIDGE to

| | Miles. |
|---|---|
| Bricklayer's Arms … | 1 |
| Cross the Surrey Canal. | |
| Turk's Head … … | $2\frac{1}{2}$ |
| Hatcham … … … | $3\frac{1}{4}$ |
| New Cross… … … | $3\frac{3}{4}$ |
| Right to Bromley. | |
| Deptford … … … | $4\frac{1}{4}$ |
| Cross the River Ravensbourne. Right to Lewisham. Left to Greenwich. | |
| Blackheath… … … | 5 |
| Left to Woolwich. | |
| Shooter's Hill … … | 8 |
| Left to Woolwich. Right to Eltham. | |
| Welling … … … | $10\frac{1}{4}$ |
| Left to Woolwich. Right to Bexley. | |
| Crayford … … … | 13 |
| Right to Bexley. Cross the River Cray. Right to Foot's Cray. | |
| DARTFORD … … | 15 |
| Pop. 1830—3593. „ 1871—8298. | |
| Hotels—Bull. „ Victoria. | |
| Right to Farningham. Cross the River Darent. | |
| Horn's Cross … … | 17 |
| Left to Greenhithe. | |
| Galley Hill … … | 19 |
| Stone Bridge … … | $19\frac{1}{2}$ |
| Right to Southfleet. | |
| NORTHFLEET … … | $20\frac{1}{2}$ |
| Population, 6575. | |
| GRAVESEND … … | 22 |
| Pop. 1830—5097. „ 1871—21,265. | |
| Hotels—Falcon. „ Mitre. „ Clifton. | |
| Milton Church … … | $22\frac{1}{2}$ |
| Chalk Street … … | $23\frac{1}{4}$ |
| Gad's Hill … … … | $26\frac{1}{4}$ |
| Strood … … … | $28\frac{1}{2}$ |
| Pop. 1871—4348. | |
| Cross the River Medway. | |
| ROCHESTER … … | 29 |
| Pop. 1830—9891. „ 1871—18,352. | |
| Hotels—King's Head. „ Royal Crown. | |
| CHATHAM … … … | 30 |
| Pop. 1830—16,485. „ 1871—24,200. | |
| Hotel—Market Inn. „ Clarence, High St. Manager, J. F. Lewis. | |

図 5-4
『自転車ロードブック』(1881 年版)より

情報を利用して計画を立てることで、陽の落ちた後の暗い道をライトの明かりを頼りに走る必要にせまられたり、途中からオーバーペースで走らざるをえなくなったり、といった無用な危険を避けやすくなる。また、どの程度考慮に入れるかは人それぞれであっただろうが、各種トラブルの発生頻度もまた、道路状況によって大きく変わってくる。オーディナリ自転車の時代における、路上での対応が可能な、比較的頻度の高い機械的トラブルとしては、ネジの脱落、スポークの破損、ホイールに巻かれたゴム（タイヤ）の緩みなどがあった。オイルやスパナといった工具以外にも、予備のネジやスポーク、そして、緩んだゴムのタイヤを応急的に結束するなど、多種のトラブルへの対応に利用可能な針金を、携帯することが推奨されていた。

ここで、当時の自転車旅行において利用されていたロードブックやガイドブックとは、どのような形式の物であったのか、具体的な例をいくつか挙げながら、比較してみよう。ここでは各書から、ロンドンからチャタム、カンタベリーを経由してドーヴァーへと至るルートが示されている部分をとりあげ、比較していく。順に、①一八二六年版の『パターソンズ・ロード』[5]（図5-2）、②一八六八年版の『ブラックス・ガイド　イングランド、ウェールズ編』[6]（図5-3）、③一八八一年出版の『自転車ロードブック』[7]（図5-4）、④一八八四年に出版された自転車用ロードブック『ロード・オブ・イングランド・アンド・ウェールズ』[8]（図5-5）からのものである。

まず①と②とを見比べてみると、縦五列に分割された形式と、中央に地名が入りその両側にルート両端からの積算距離が書かれているという共通点が目に付くが、書かれている内容は大きく異なる。①では中央に分岐点情報のほかに橋と有料道路の情報が書かれており、両側の欄には主に沿道の解説がある。②の中央に書かれているは橋と経由地のみであり、左右の欄はそれぞれの側から見える車窓の風景についての簡単な解説となっている。①ではすべての記述がこの中で行なわれているが、②では街や名所について、ここに提示した里程表以外の頁でより詳細に解説されており、②街の市街図なども掲載されている。鉄道を用いた旅行意が一般化してゆく時代に刊行された②は、より以前の時代のロードブックの形式を一部踏襲しつつも、ガイドブック的な性質を高めたものとして作られているということがわかる。

自転車用のロードブックは、道路に関する情報を詳細に記すという必要性から、どちらかといえば馬車旅行用のものに近かった。とりわけ、③などは、馬車旅行用のロードブックからそのままルート情報（各分岐点とルート始点からの距離）のみを抜き出したものとなっている。一方、④では、分岐点に関する情報はわかりにくくなっているが、区間ごとの距離が明記され、道路の状況に関する情報が非常に詳しく記載されており、さらにごく簡単な名所紹介も掲載されている。ただしそのかわりに、全体の頁数は二百二十頁程度から四百七十頁程度へと倍以上に膨れ上がってしまっている。(9)とはいえ、どちらの場合も方向性は多少異なるが、自転車旅行用に携帯性を高めつつ、必要十分と考えられる情報を提示していこうとした結果の産物であると言えよう。一八八〇年代における自転車用のロードブックや道路案内を目的とした記述は、ここに挙げた二つ、③か④のどちらかに類する形式をとっている。

また、掲載されるルートや分岐点の選択においても、自転車用のロードブックは他の用途のものと異なっている。鉄道での旅行を意識して作られたガイドブックと違うものになるのは当然だが、馬車旅行用のロードブックと比べても様子が異なる。たとえばルートの掲載順序を見てみると、旧来のもので最初に置かれていたのは、ロンドンからチャタム、カンタベリーを経由してドーヴァーへと至るルートとその枝道[10]であった。馬車旅行においても、鉄道旅行においても、大陸への渡り口となるドーヴァーへの経路が最重要視されていたのである。しかし自転車旅行者にとっては、ドーヴァーは特別な場所ではなかった。④ではロンドンからドーヴァーへと向かうルートと同じ道を通るルートが冒頭に置かれてはいるものの、ルートの終端はマーゲイト（Margate）とブロードステアーズ（Broadstairs）であり、カンタベリーからドーヴァーへ向かうルートはその枝道の一つとして扱われている。山を越えてわざわざドーヴァーへと向かうルートよりも、平坦な道を通って東端の景勝地へと向かうほうが好まれたということであろう。そして、③および他のいくつかのロードブックでは、ロンドンから南へ向かうルート群の最初にドーヴァーへのルートがおかれてはいるが、本全体としては中ほどとなっている。冒頭にはエジンバラへと至るルートがおかれ、続いてイングランド北中部の各ルートが記載され、その後にロンドンから南へのルート群がおかれている。北中部のコヴェントリやバーミンガム周辺に、ロンドンについで多くのサイクリストがいたことも、自転車用の地図でロンドンから北へのルートがより重視された理由であっただろう。

こうした文字情報のみによって記述されたロードブックだけでなく、自転車旅行用の地図（ロードマップ）も何種類か出版されており、危険な坂を赤で表すなどの工夫が施されたものもあった[11]。しかしそうした地図はロードブックと比べてまだ比較的高価だった上に、正確な距離や道路状況を提供するという点では、文字情報中心のロードブックに劣っていたこともあり、登場当初は補完的なものとして利用されていたのであろう。文字情報中心で構成され、イングランドとウェールズをカバーしたロード

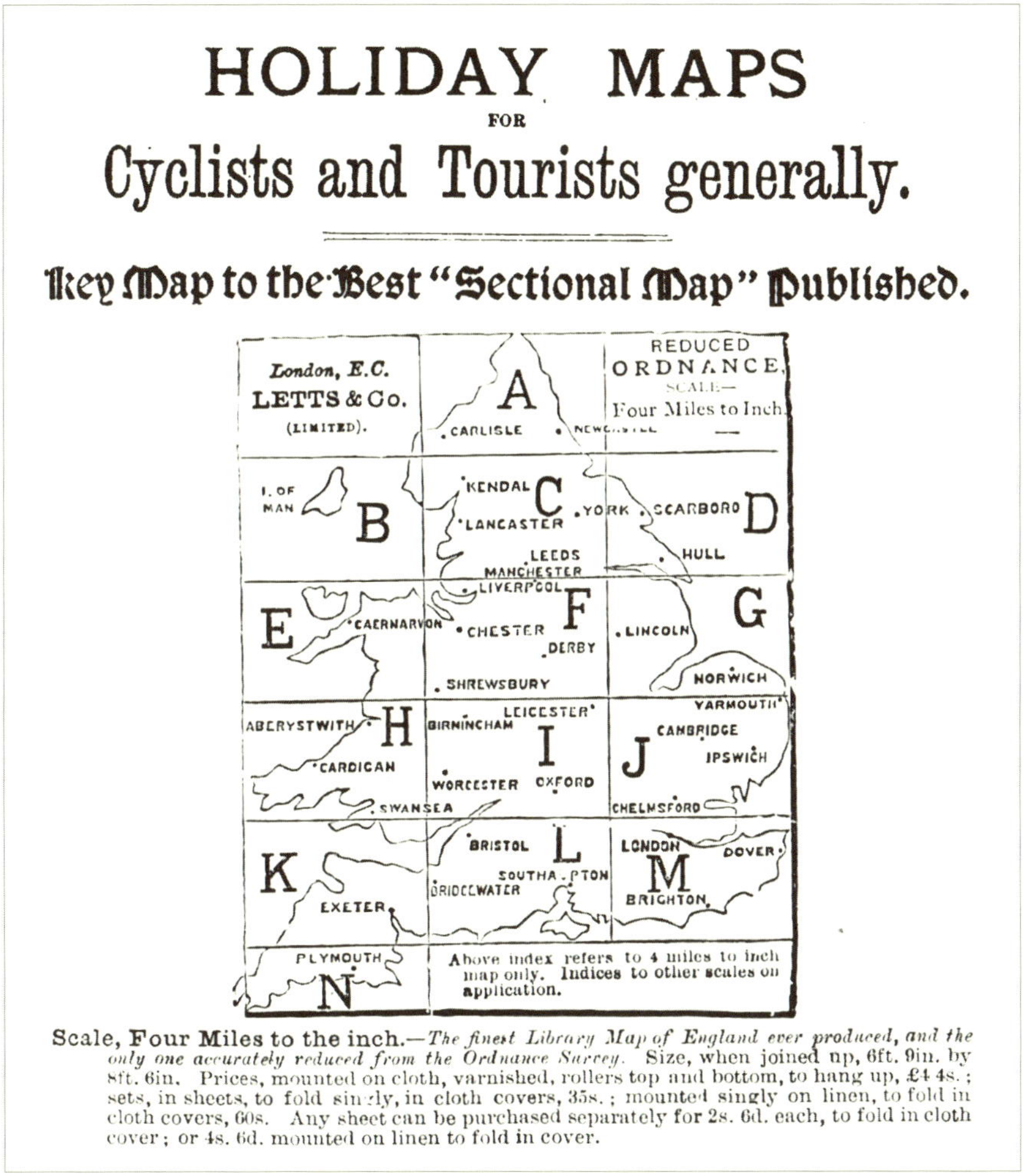


図 5-6　自転車用地図の広告（1884 年）

ブックが一部一シリングで売られていたのに対し、たとえば一インチあたり四マイルの縮尺（約二十五万分の一）でブリテン島全体を十四枚でカバーしていたある地図（*Holiday Maps for Cyclists and Tourists generally*）は、一枚二シリング半（約五千円）で売られていた（図5－6）。その程度の縮尺のものだと、三、四枚あればほぼ事足りたであろうし、自転車本体が格安のものですら五ポンド（約二十万円）程度であったことから考えると、それほど高いとは言えないかもしれない。だが、より細かい縮尺の地図だとさらに値が張ることとなり、また携帯性にも劣っていた。H・H・グリフィンの自転車購入ガイドブックには、自転車本体のみならず各種の自転車用品も多く紹介されており、ランプや距離計、カメラなど他の品については、価格が一ポンド以上の比較的高価な製品も多く紹介されていた。それに対して、ロードブック及び地図については、安価で携帯性の高いロードブックが主に紹介されており、地図形式のものはカード式の『サイクリスト・ポケット・ロード・ガイド』[12]が取り上げられているのみであった。

カード式の地図では、一枚で一つのルートを紹介することにより、一枚ずつ持ち運べるという利点に加えて、地図的な画像情報に細かい道路情報や名所ガイドを織り込むことができるという利点もあった。そうした地図では、紹介するルート以外の部分の地図情報は省かれるようになり、ルートの道だけを描いた、細長いストリップ・マップ（Strip Map）という形式のものも現れてきた。ストリップ・マップは、目的とされているルート以外の道を交差点の枝道としてしか描いておらず、そのルートを外れるとほとんど役に立たなくなるような地図であった。しかし、走行ルートが事前に決まっている場合は、書籍形式のロードブックよりも携行品として小さくて軽いうえに、多くの情報を得られる便利なものであった。各種の地図を揃えることのできる裕

360　CONTOUR ROAD BOOK OF ENGLAND (S.E.)

**500**　**LONDON TO DOVER.**

**Description.**—Class I. An exceedingly hilly road. For the first five and a-half miles the road is paved, and there is very heavy traffic, but immediately beyond Deptford the paving is left behind, and the surface is very fair right on to Dartford. Shooter's Hill is dangerous on both sides. From Dartford to Gravesend the surface is good at first, but is rather poor in the neighbourhood of the latter place. Between Gravesend and Rochester the road is good but hilly. The main road does not pass through Chatham, but keeps on a higher level, thus avoiding a mile and a-half of paving. From Chatham to Canterbury the road has fine surface as far as Faversham, but after that it is rather poor, and with one dangerous hill to Canterbury. From Canterbury to Dover the road is somewhat hilly, but has fine surface, except on Barham Moor, where it is usually loose. Many of the hills on this road are almost dangerous.

**Gradients.**—At 5½m.1 in 15; 9m.1 in 14; 9½m.1 in 13 (both dangerous); 13½m.1 in 26; 15½m.1 in 19; 16m.1 in 15; 18¾m. 1 in 17; 19¼m.1 in 15; 19¾m.1 in 21; 20½m.1 in 17; 26¾m.1 in 19; 27½m.1 in 15; 29m.1 in 15; 32m.1 in 14 (dangerous); 38¼m. 1 in 20; 46m.1 in 15; 46¼m.1 in 16; 50¼m.1 in 14; 51½m.1 in 12 (dangerous); 52¾m.1 in 16-21; 59m.1 in 20; 59¾m.1 in 15; 63m.1 in 22; 66½m.1 in 19; 67½m.1 in 19.

**Milestones.**—Measured from London Bridge, ⅝m. from G.P.O.

**Measurements.**

London,* G.P.O.
5 Deptford,* Broadway.
15¾ 10¾ Dartford.*
22⅝ 17⅝ 6⅞ Gravesend.*
30 25 14¼ 7⅜ Rochester,* Corn Exchange.
31 26 15¼ 8⅜ 1 Chatham,* St. Andrews Church or P.O.
40⅞ 35⅞ 25⅛ 18¼ 10⅞ 9⅞ Sittingbourne.*
47⅞ 42⅞ 32⅛ 25¼ 17⅞ 16⅞ 7 Faversham,* Town Hall,
56½ 51½ 40¾ 33⅞ 26½ 25½ 15⅝ 9⅝ Canterbury,* Guildhall.
71½ 66½ 55¾ 48⅞ 41½ 40½ 30⅝ 24⅝ 15 Dover,* Market Place.
72⅜ 67⅜ 56⅝ 49¾ 42⅜ 41⅜ 31½ 25¼ 15⅞ ⅞ Dover, Pier.

**Principal Objects of Interest.**—5¾m., Greenwich Observatory. Shooter's Hill: Severndroog Castle. Dartford: Nunnery ruins. GRAVESEND: Rosherville Gardens, Promenade, Thames Yacht Club House, Piers, Tilbury Fort. 27m., Gad's Hill (Dickens). Rochester: Cathedral, Castle Ruins. CHATHAM: Dock Yards, Barracks, Prison, Hospital, Fort Pitt. Faversham: Church. Harbledown: Hospital. CANTERBURY: Cathedral, Dane John, Walls, [*Over.*

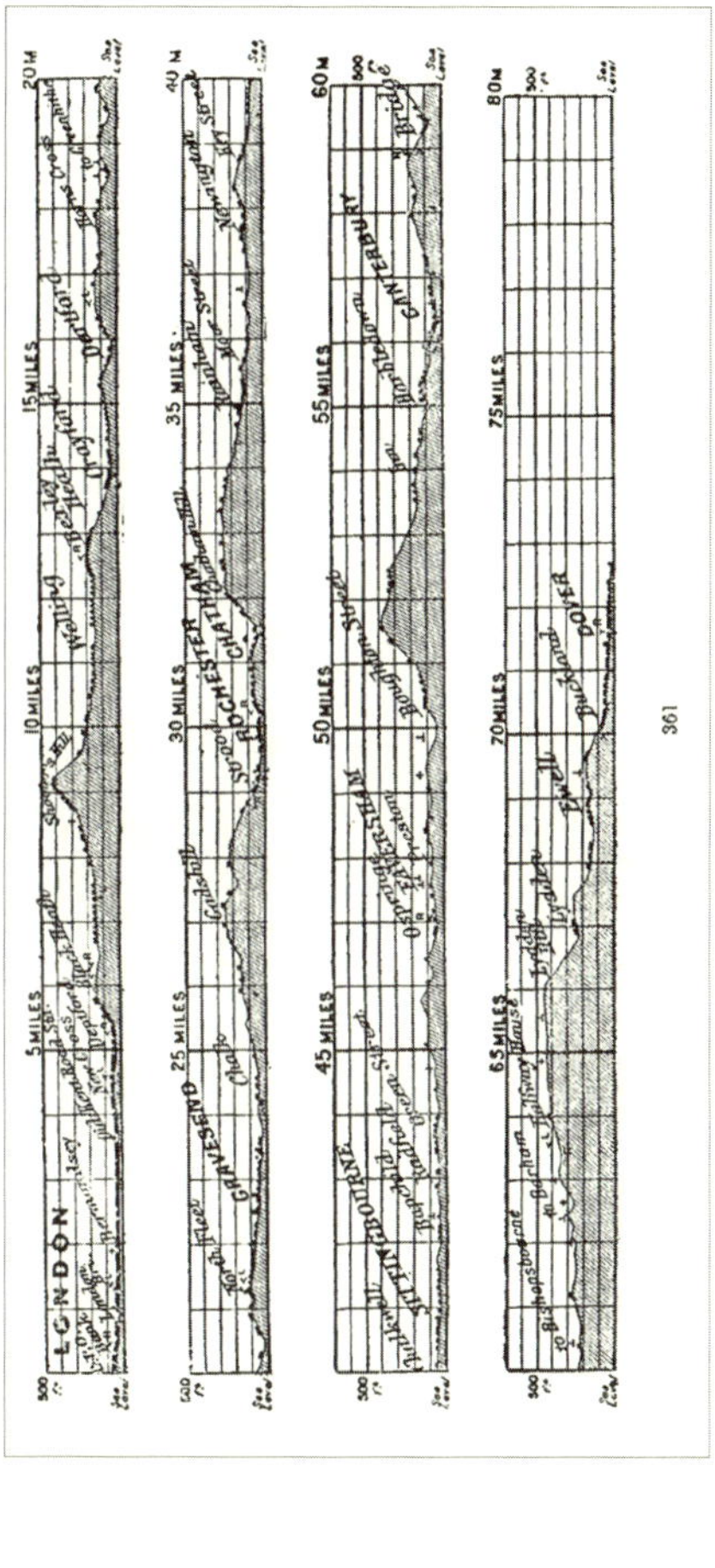


図 5-7 『コンツアー・ロードブック第二巻』(1898 年版) より

福なサイクリストによる日帰りや短日数の自転車旅行の場合、自宅やクラブハウスなどでロードブックや広域地図を用いて計画を立て、出発する際には必要なルートについての地図を持って行ったのであろう。

一八九〇年代半ば以降になると、地図形式の出版物も安価となり普及していくが、自転車人口の急激な増加もあって、自転車旅行用ロードブックも各種出版されていった。その中でも、数百のルートすべてに解説と勾配断面図を付した『コンツアー・ロードブック』シリーズ[13]（図5-7）は、真に自転車旅行に最適化されたロードブックであった。ルート上の勾配を視覚的に把握できる勾配断面図自体は、ストリップ・マップにおいても採用されていたが、このロードブックでは、地図を廃し、より網羅的に勾配断面図が掲載された。

このような各種の自転車旅行用に作られたロードブックや地図の発達は、自転車旅行の発展と一般化に、セーフティ型自転車の登場と同程度以上の貢献を果たしていったであろう。また、路面の傾斜が詳細に記述されたロードブックは、傾斜に対して自転車以上に弱さを持っていた初期の自動車を走らせていた人々にとっても、不可欠な携行品であったと考えられる。続く第七章でふれるように、初期の自動車においては、どの程度の坂を登れるかということが、その性能を示す大きな指標ともなっていたし、このような断面勾配図は、世紀転換期前後の自動車レースのコース紹介にも平面地図と共に掲載されていた。自転車の場合は、登りきれない坂に直面したら歩いて自転車を押せばよいが、自動車を押して坂を登るのはより困難であり、無理に坂を登らせることは、エンジンのオーバーヒートなど、致命的な故障を引き起こす要因ともなった。そこまでの事態にはならなくとも、坂を登ることによって燃料を予定以上に消費してしまい、燃料補給が可能な街から遠い地点で燃料切れを起こすという危険も存在していた。自転車においても、走行不能な故障や人間の怪我や燃料切れ（ハンガーノック状態）といった状況は対処困難な避けられるべきものであったが、自動車における走行不能な故障や燃料切れが、より深刻なトラブルであったことは容易に想像できるであろう。

## 当時の自転車旅行者への助言

前節で取り上げた本格的なロードブック以外にも、サイクリスト向け入門書[14]や年刊ハンドブック誌上などでは、年間の主要イベントカレンダーや昨年のレース結果、クラブのリストなどとともに、多くの頁を割いて、道路についての情報が載せられていた。そうした書籍は大部で携帯には適さなかったし、情報量も劣っていたが、各種の情報が一通り載っていて一シリング（約二千円）と安く、それほど頻繁に自転車旅行に出かけるわけではない人は、わざわざロードブックを別に買うほどでもなく、これ一冊で済ますということもあったのであろう。[15]

そうした年刊ハンドブックの一つ『サイクリスト・アンド・ホイール・ワールド年鑑』[16]の一八八四年版では、前年版にはなかった「自転車旅行上のヒント」（Hints on Bicycle Touring）という項が設けられており、三頁と短い分量ではあるが、多岐にわたる助言がこと細かに書かれている。そこでは、自転車の選び方から始まり、慣らし走行や事前の整備といった準備の重要性、走行時の各種注意、荷物の分量と内容や選び方が記されている。具体的には、予備のナットやワッシャー、ブレーキ用のゴム、スパナ、応急処置用のワイヤー、その他もろもろの工具類を携行することや、新しいサドルで旅行に出かけることは避けることなどが書かれている。

そのなかでも、走行時の注意についての記述が詳細である。以下に、要約して引用する。

——初日二日目は長い距離を乗ってはならず、だんだんと距離を長くしていくのがよい。一日の最初もまだ筋肉の準備ができていないのでペースを抑えよ。

快適に登ることとの出来ない険しい登り坂、ふもとの見えない下り坂は、降りて歩きなさい。坂を登る時は、最初に急いではならない。適切なペースで、最後の部分に力を残しておく。坂を登る際の姿勢は身体を起こして座り、ハンドルを下から持って引き上げながら進む。

暑い日と食事の直後には乗るのを避ける。早朝と夕方が最適な時間(17)だが、真っ暗になる前に目的地に着くように計画せよ。

宿に入る際には服を着替えて身だしなみを整えるように。毎日服を換えて洗い、寝る際にも安眠できるように服を着替え、早く寝ること。

無理な計画を立てずに、無理そうなら、その日は途中でも走るのをやめること。急なペースの変化は筋肉を疲れさせるので、一定のペースで走ること。荷物は肩にぴったりとつけたナップサックの利用を推奨する。これは坂を登り下りする際にはバランスをとる助けにもなる。荷物が少量の場合は、ハンドルバーにくくりつけるのもよい(18)。重さは五キログラム程度におさえ、それ以上の荷物は、駅やホテルで発送し受け取るようにするとよい。

飲み物を取りすぎると汗をかくのでよろしくない。どうしても喉が渇くときは口を潤すだけにするのがよい。酒類は駄目。ミルク、ソーダ割りミルク、少量のオートミールを溶かした水、などがよい。食事は栄養があって消化の良いものをゆっくり食べること。パイ、プディング、野菜、その他消化の悪いものは避ける。市販のミート・プリパレーション[19]がもっとも良い。これを切り分けて、吸い上げるか少量のお湯に溶かして小さなガラス瓶に入れ、ポケットに入れておくとよい。

日曜に走る際は、教会の近くではベルをならさないように気をつけ[20]、歩行者に特に注意せよ――。

走行上の注意以外の助言としては、自転車の車体について、フロントフォークのレイクが二〜二・五インチのものを、坂や悪路でも走りやすく安全だとしている。これは、前章で述べたように、一八八一年頃には自転車旅行に適した車種としてロードスターが出てきており、そのなかでも、レイクが大きめの製品を選ぶことが推奨されている、と解釈するのが妥当であろう。ただし、この項では、当時既に自転車旅行に適した自転車として認知と普及が進んでいた三輪車に関する言及が皆無であり、一二、三年ほど前の古い記事を多少改変して掲載したものである可能性も否定はできない。

また、「世の人はとかくうわべにだまされる」とわざわざシェークスピアを引用して[21]、服装、ふるまいや自転車の見た目を気にするように、と忠告している。まず自転車については、見た目が高級そうに見えるように、全体が塗料もしくはエナメルで塗装されたものを推奨している。当時は安価な自転車の場合、塗装はオプションで一ポンド程度、エナメル塗装はさらに一ポンド程度が必要であった。そして、宿に入る際には、服装を整え、だらしない恰好でうろつかず、常に紳士（gentleman）として振る舞い、クラブの名誉を保つことを求めている。走行中も、まっとうな人々（respectable people）に悪印象を持たれないように、昼にはベルを、夜にはランプを使用するように、と念を押している。もっとも、ベルやランプの携帯と使用については、当時はまだ法律で義務化されてはいなかったが、ここで述べられているような体面的な理由からのみならず、実用的な理由からも、ほとんどのサイクリストがベルとランプを携帯、利用していたようではある。なお、三輪車については、馬車と同様の「車両」（carriage）に区分されていたため、登場当初から警告用の装置とランプの携帯が必要な乗り物であるとされていた。

もう少し後の時期、一八八〇年代後半から九〇年代初頭の刊行物における同様の記述[22]をみると、準備と計画の重要性や一日に走る距離の目安など[23]についてもふれられてはいるが、携帯品や服装の選び方が中心を占めるようになっている。そこでは、先に紹介した一八八四年の年鑑のような走行に際しての実用的な助言は、ほとんど見受けられない。これは、本自体の性質が異なることに起因する違いでもあるかもしれないが、数年の間で、サイクリストと自転車旅行をとりまく各種環境が大きく変化していたことのあらわれであるとも言えよう。一八八〇年代を通して、自転車関係の出版物や情報がひろく行きわたったために、常識的とされる知識の範囲が急速に広がっていった。また、自転車とサイクリストの数もしだいに増加し、珍しい存在ではなくなり、各人がサイクリスト全体を代表しているという意識が急速に薄れていったのであろう。全体の利用者数が増えたことにより、マナーが悪く周囲に迷惑をかける者も絶対数としては増えたかもしれないが、自転車とサイクリストが路上なり社会なりで迫害を受けうる異端な存在とはみなされなくなっていった。BTC及びCTCなどによるサイクリストの地位向上を目指した各種の運動や、自転車に乗る人乗らない人両方への啓蒙活動の成果もあったであろう。自転車で宿に宿泊したり、鉄道に乗ったりすることへの理解も急速に進んでいった。

自転車に荷物を積む手段も、進歩改良が進んだのみならず、三輪車やセーフティ型といった自転車の種類が増えたことによる選択肢の広がりもあった。オーディナリ型自転車用としては、サドルの後ろやハンドルバーに取り付ける形式の荷物入れが各種販売され、セーフティ型の場合、乗車位置が低くなったことによって背中に荷物を背負った時の負荷や危険度が大きく低下した。さらに、セーフティ型よりも安全で、多くの荷物を容易に搭載可能な三輪車も普及が進み、写真用具など多くの荷物を携行したい者や、長距離をゆっくりと回りたい人々に利用されるようになっていった。コンパクトな工具セットや、自転車旅行用洗面用具セットなどが各種市販されていったことも、携行品への関心を高めたであろう。

一八九〇年に出版された『自転車とサイクリング（*Cycles and Cycling*）』という本では、そのころまでには普及が進んでいたセーフティ型自転車の、自転車旅行への適性についても言及がみられる。そこでは、荷物の運搬性や安全性といった面から、オーディナリ型よりはよいとされているが、三輪車のほうがさらに適しているとも述べられている。とくに二人で旅行する際には、タンデムの三輪車が最適とされている。また、携行品の一種としてカメラについての記述もあり、持ち運び用に作られたディテクティブ・カメラが推奨されている。これは木製で長辺二十センチ程度の直方体で、持ち運びに耐える頑丈で簡素な造りをしており、中に数枚から十二枚程の印画板も収納できるようになっていた。自転車についての記述では、セーフティ型や三輪車におけるギアの選択について詳細に述べられており、長期の旅行では、悪路や逆風や坂を意識して、普段よりも軽めのギアの使用を薦めている。具体例としては、自転車旅行記も出していたA・J・ウィルソン（A. J. Wilson 別名“Faed”）がどこへの旅行でどのようなギアの自転車を使用したかが紹介されている。(24)

## 自転車旅行記

自転車旅行の隆盛を示すものとして、ここまで取り上げてきた資料の他に、「自転車旅行記」の増加を挙げることができる。十九世紀から二十世紀初頭にかけて出版された、自転車の旅行記と目される書籍について、三つの書誌目録(25)から作成したリストを巻末に掲載しておく（附録2－①）。これらはどれも十分に網羅的な書誌目録であるにもかかわらず、三つすべてに掲載されているものはここに挙げた六十五冊のうち十二冊のみであり、どれほどの数があるかはわからないが、さらに多くの同種の書物が出版されていたと考えられる。さらに、こうした単独の出版物として存在するもの以外にも、雑誌記事として多くの自転車旅行記が発表されていた。

たとえば、一八八〇年の五月に、週刊誌『サイクリング』の姉妹誌として創刊された月刊誌『ホイール・ワールド』では、当初は二頁程度の短いものではあったが、ほぼ毎号自転車旅行体験記が掲載されていた。その翌年には、同誌に大きく影響を受けて創刊された、読み物主体の自転車月刊誌『ホイールマン』（後の『アウティング』誌）(26)がアメリカで創刊され、ここにも毎月さまざまな書き手による自転車旅行記が掲

図 5-8
『カンタベリーへの巡礼』（1885 年）より

載されていった。この雑誌については次節で詳しく述べる。

一八八〇年代初頭頃までの自転車旅行の様子を記した読み物としては、より直接的に自転車旅行に役立つ情報を記したガイドブック、もしくは前節で述べたロードブックに近い性質を持つものも見られる。たとえば、一八八一年にアメリカで刊行された『バイシクリング・ワールド』という雑誌で連載されたイギリスへの旅行記を書籍化した『イングランド及びウェールズへの自転車旅行（*A Bicycle Tour in England and Wales*）』は、『バイシクリング・ワールド』という雑誌で連載されたイギリスへの旅行記を書籍化したものであった。この本は旅行記の部分自体にも、走行した地点間の距離や路面の状態、宿泊施設についての情報など、旅行者に直接役立つ情報が多く含まれているが、それに加えて補遺として、旅行者への助言やイギリスの簡単な地図も付されていた。この補遺には他にも、最新のタイムレコード、アメリカの自転車クラブのリストなどが含まれており、イギリスにおける各種情報をまとめた年刊のハンドブックの性質も兼ねていたと推測される。イギリスで出版された書籍でも、ノーティカス（Nauticus）と名乗る著者が三輪車でイングランドを巡った記録、『ノーティカス・オン・ヒズ・ホビーホース』（一八八〇年）などでは、毎日の走行距離が記され、出発時刻と到着時刻も書かれており、道中の坂の具合に関する記述も多く見られる。こうした書物は、自転車旅行へのあこがれを喚起するものであったのはもちろん、実際に同様の自転車旅行を行なおうとする人々にとっては、ロードブックなどとともに非常に有用な情報源となったことだろう。

だが、こうした時期から数年もたたないうちに、自転車旅行はより一般的なものとなり、自転車関係の雑誌や出版物も増え続け、ロードブックや地図などの出版も盛んになっていった。そのようにして世の中に多くの情報が出回ることにより、自転車旅行記が付随的に果たしていた実用的な役割は、その必要性が失われることとなる。まだ自転車（三輪車）に乗る者が多くなかった女性向けに書かれたものでは、引き続き乗車体験記に類する記事も書かれ、そこでは自転車の乗り方や服装の説明など実用的な情報も提供されるのが常だったが、自転車旅行記全体の傾向としては、読み物としての魅力をより強く持つものとなっていった。

その理由の一つとして、当時他の雑誌、新聞などにおいても進行していた挿絵の充実が挙げられる。何冊もの三輪車による旅行記を出したペンネル夫妻（Elizabeth and Joseph Pennell）によるものは、とりわけ、夫ジョゼフ・ペンネルによる挿絵画の魅力によって、継続的に読者を獲得していた。ただ、彼らの旅行記では、自転車に関する記述はごくまれに見られるのみで、走行した距離も書かれていない。『カンタベリーへの巡礼』（一八八五年。図5-8）の前書きで筆者自身が述べているように、よく知られた道についてそのような解説は不要で、彼らは自転車乗りである以前に巡礼者（旅行者）であった。そして、想定されていた読者もまた必ずしもサイクリストに限定されていなかった。ペンネル夫妻は、『ヘブリディーズ諸島への旅行』[27]（一八九〇年）、『川下りの楽しみ――テムズ川紀行』[28]（一八九一年）といった、自転車を利用しない旅行記も出版しており、このことからも、夫妻の著作の読者が自転車愛好家に限定されていなかったことがわかる。

一八七〇年代から一八八〇年代にかけて、挿絵は、文字をはじめ他のジャンルの出版物や自転車によらない旅行記においても重要度を増していったが、自転車旅行記においてはとりわけ大きな位置を占めるものであった。自転車という乗り物は、その幅広い視界と適度な速度、移動における自由度の高さなど、多くの面で風景を楽しむのに適している。とりわけ、名所旧跡や有名な景観地ではなく、道中のなにげない風景に感じ入る、という自転車旅行の魅力を伝え、共有していくことに、挿絵は大きな役割を果たしたのである。また、そうした風景を記録する手段として、写真も利用されていくようになる。一八九〇年代には、ロールフィルムを採用したより手軽で携帯性の高いコダック（Kodak）のカメラを持ち、セーフティ型自転車で世界一周をする者が出てくるが、それ以前においても、ミートなどの会合時に記念写真を撮影するだけではなく、カメラを持って三輪車で旅行する人々も存在していた。

前節でふれたディテクティブ・カメラは一八八〇年代後半から九〇年代にかけて用いられていたようだが、それ以前の一八八四年の『トライシクル・オブ・ザ・イヤー第二集』でも、既にアクセサリーの項で自転車用のカメラがとりあげられている（図5－9）。これはバーミンガムにある会社[29]が製作販売していたもので、図のように三輪車の車輪に取り付けることにより、撮影用の台を持ち歩く必要がないとされている。ここで紹介されているカメラは四分の一サイズ（四・二五×三・二五インチ）の印画板を使用する小型かつ安価なもので、一～二ポンド程度で購入することができた[30]。こうしたカメラは、一八八〇年代中盤の三年間で、約六千台売れたとも言われている[31]。翌年の『トライシクル・オブ・ザ・イヤー』をみると、カメラやその他必要な道具を持ち運ぶための専用ケースも紹介されている（図5－10）。これはコヴェントリ・マシニスト社による七・二五（約一八・四センチ）×六・七五×六インチの大きさのもので、カメラも収納できた。カメラ本体のみならず、暗幕など撮影に必要なものと六枚の引き蓋を収納可能で、車輪に取り付けて撮影する方式とともに、折りたたみ式三脚の携帯についても言及されている。この後に現れてくるディテクティブ・カメラは、こうしたケースのような箱がそのままカメラとなる優れた製品で、持ち運びや操作性においても便利になってはいたが、五～六ポンドと高価なものでもあった(32)。同時期に発明されたコダックのロールフィルムを使用したカメラは、画質が劣るにも関わらず同程度の価格であったが、小さく軽くて、一セットの装備でより多くの写真を撮ることができたため、自転車旅行の携行品として、そしてそれ以外の用途においても、ひろく使われるようになっていった。

## 自転車による世界一周旅行

挿絵や写真による風景の描写にも助けられながら、自転車旅行および自転車旅行記は、その目的地をより遠くへと延長していった。自転車旅行記というより自転車を使

図 5-9
三輪車に取り付けるカメラ（1884 年）

図 5-10
自転車用写真用具ケース（1885 年）

用した旅行記を志向していたペンネル夫妻においても、その目的地はより遠くへと移り変わっていった。自転車の性能が低く、装備も道路についての情報も十分でなかった時期は、国内の長距離行も冒険的な要素を多くはらむものであった。しかし、冒険的旅行を志す者にとっても、読者にとっても、次第に要求が高くなり、その欲望は、より遠い土地や高い山など、到達が困難な地を目的地とすることによって、みたされることとなる。

前節でとりあげた書物の形で出版された旅行記のリストからは、一八八〇年代後半以降出版点数が増え、目的地の幅がひろくなっていく様子がわかるが、自転車雑誌に掲載されていた旅行記をみてみると、より早い時期からそうした傾向があったことがわかる。アメリカの雑誌ではあるが、『アウティング』[33]に掲載されていた自転車旅行記の記事のリストを巻末に掲示しておく（附録2－②）[34]。この雑誌には一八八四年から翌年にかけて、すでに幅広い地域への自転車旅行記が掲載されていた。この雑誌の影響が大きかったのか、また他にも理由があるのかもしれないが、自転車による冒険的旅行は、自転車の普及がより進んでいたイギリスのサイクリストによってではなく、アメリカ人によって多く実行された。ここで取り上げる自転車による世界一周旅行も、どれもアメリカ人によるものである。

『アウティング』誌は一八八五年に自転車専門の雑誌から総合娯楽雑誌へと変わり、自転車関係の記事はその一部分を占めるのみになったが、引き続き自転車関係の記事は比較的多めに掲載されていた。そして、この年の十月からトマス・スティーブンスの自転車世界一周旅行記「自転車世界一周（Around the World on a Bicycle）」の連載が始まる。スティーブンスは一八八四年の四月から八月にかけて、初の自転車によるアメリカ横

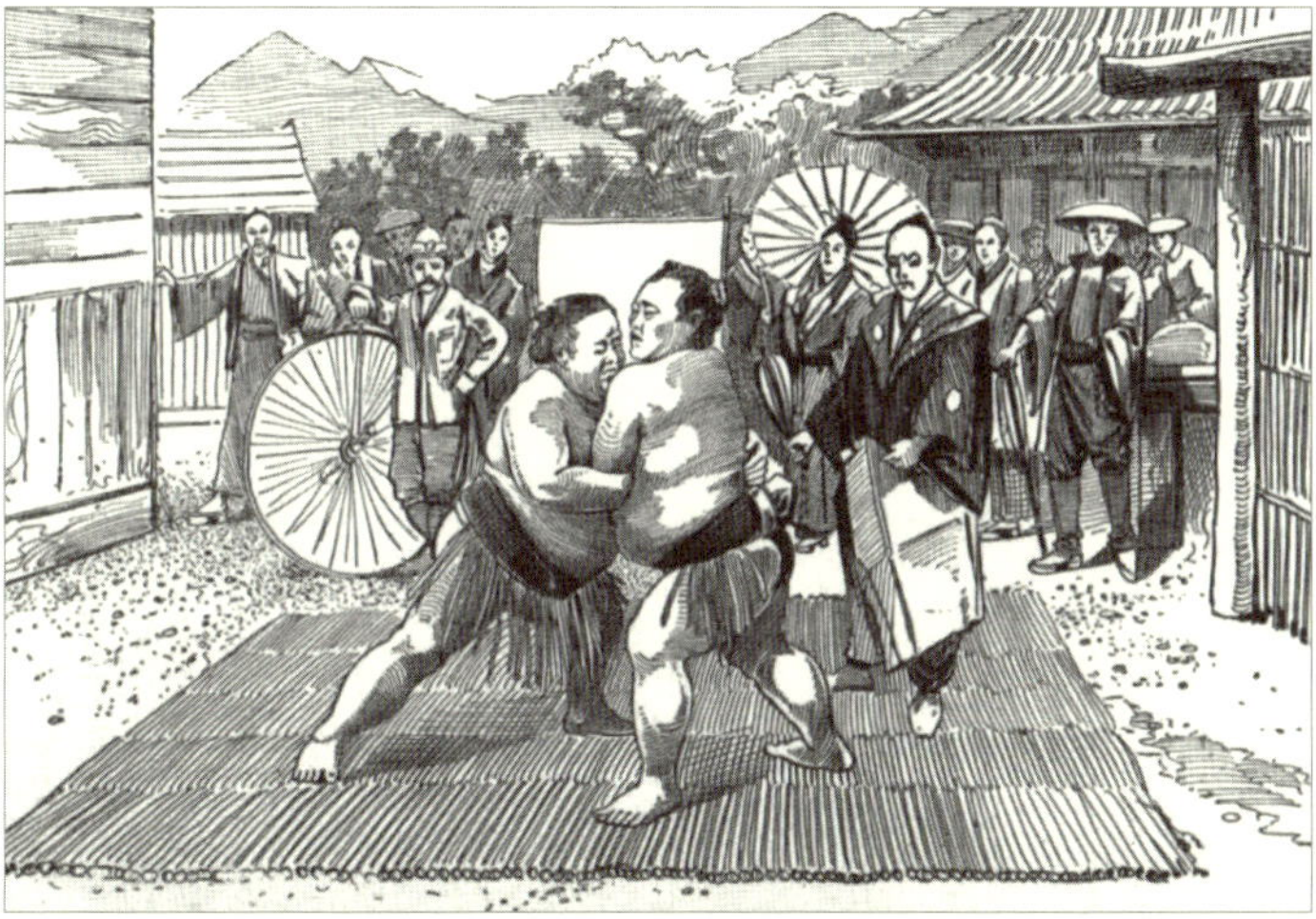

図 5-11
相撲興行を描いた
挿絵（1888 年）

図 5-12
日本の人力車を描
いた挿絵（1888 年）

断をなしとげた後、世界一周を志し、スポンサーを探した。他にどのようなところと交渉したかはわからないが、自転車旅行記を積極的に掲載していた『アウティング』に連載することとなり、一八八五年の四月から一八八七年の一月にかけて、原稿を送りながら東回りに世界一周をしたのである。一八七二年のヴェルヌの『八十日間世界一周』やトマス・クックの世界一周ツアーの開始以降、陸路中心の世界一周旅行とその旅行記、冒険記がすでにいくつも出版されており、世界一周旅行自体はそれほど珍しいものではなくなっていたが、自転車によるものはもちろん初めてで、大きなインパクトと影響を与えたのだった[35]。

このスティーブンスの旅行記においては、他のそれまでに掲載されていた遠隔地への自転車旅行記と同様に、読者が同じコースを自転車で旅行することは想定されていなかったため、走行距離などは基本的には文章中に出て来ず、現地の風物描写が中心となっている。とはいえ、道中の道路の様子や走行時の描写はふんだんに盛り込まれており、自転車で旅行している感じはよく伝わってくる。また、(書籍化された際には一部の挿絵は削られてしまったが、)毎月数枚の挿絵が付いており、これもまた道中の雰囲気を伝える助けとなっていた。しかし、その挿絵の描写は、描かれた地域によっても差があるが、現地の情景を必ずしも正しく伝えるものではなかった。

とりわけ、日本の情景を描いた挿絵では、中国風の服装や建物が混在していたり、図5-11のように、むしろのようなものの上で相撲をとっていたりと、ほとんどが奇妙なものとなっている。図5-12は一八八八年六月号に掲載された挿絵で、人力車との競争を描いたものだが、左の和傘を日傘としてさしている女性はなんとかそれらしい感じになっているものの、中央遠景の建物の様子や、右側の二人の人物の服装、人力車の形や曳き方などは、あきらかに不正確な描写となっている。当時すでに日本に関する知識は広まっていたはずであり、たとえば同誌においても、一八八四年八月号に掲載された日本での自転車旅行を描いた記事では、写真から起こした、情景を正確に描いた挿絵が何枚も載っている。スティーブンスの旅行記では、挿絵のみならず現地の風物を紹介する文章にも正確さを欠いた記述が見受けられる。しかし、それらの欠点を補って余りある魅力が、この旅行記にあったということでもあろう。

その後一八九〇年代に入ると、自転車で世界一周を試みる者が何人も出てくる。スティーブンスから数年しか離れていない時期だが、彼らはセーフティ型自転車に乗り、カメラを持って道中を進めていった。一八九〇年代半ばの自転車ブーム期以前においては、T・G・アレン・ジュニア（Thomas Gaskell Allen, Jr.）とW・L・シャトルベン（William Lewis Sachtelben）の二人組と、F・G・レンツ（Frank G. Lenz）[36]がそうした旅行に出た。二人組の旅行の様子は『ペニー・イラストレイティッド・ペーパー（*The Penny Illustrated Paper and Illustrated Times*）』紙の記事[37]と『自転車アジア横断（*Across Asia on Bicyle*）』（一八九五年）で、レンツのものは『アウティング』誌に連載された記事で伝えられた。

アレンらは、まず当初は、大学の卒業旅行として目的地を明確に決めずにヨーロッパへの自転車旅行へと出かける。安物の重い自転車でイギリスを周遊して回るうちに、世界一周旅行をもくろむようになり、ロンドンに滞在して計画を練ると、『ペニー・イラストレイティッド・ペーパー』紙とイロコイ・サイクル社（Iroquois Cycle）をスポンサーとして得た。また、アフガニスタンへの入国許可が得られずに、その国境で引き返すこととなったスティーブンスの轍をふまないよう、行く先の入国許可を事前に申請し、カメラ（Kodak no. 2）や護身用の拳銃を入手するなど、準備を十分に整えて出発した。(38) 彼らは準備をよく整えてはいたが、綿密な計画をもって旅行したわけではなく、途中で急遽アララト山への登山を行なうなど、臨機応変に旅行を楽しんでいた。スティーブンスや他のそれまでの自転車旅行記では、対象を観察するような姿勢が強かったが、アレンらは道中でより積極的に現地の人々と交流を行なった。本人も自著の前書きで「自転車が最高のパスポートとなった」と述べているように、自転車の物珍しさというものが大きな助けになったようであるが、カメラという、より物珍しく、交流の助けとなりやすい道具の存在も大きかったであろう。現地の人とともに映った写真も残っている。(39) もちろん、現地の人々との密接な交流が可能であったのは、二人連れでの旅行だということや、彼らの人柄や性格、たどったコースなどにもよるところが大きかったのであろうし、彼らの後の多くの自転車旅行記は、それ以前の観察的、傍観者的な視点で書かれている。二人がまだ旅の途中にあった一八九二年から、初めて西回りでの自転車による世界一周に挑戦したレンツの旅行記もそのようなものであった。彼もまたアレンらと同様にセーフティ型自転車とカメラを持って世界を巡り、最初の土地日本では、歓迎をもって迎えられた。しかし、その先の中国南部以降では、現地の人々との関係もあまり良好ではなく、気候や道路条件に恵まれなかったこともあり、つらい道中だったようである。そして、ヨーロッパを目前にしてコンスタンチノープルの手前で消息を絶つこととなった。

アレンらの世界一周旅行は、レンツなど同時代の他の自転車旅行と比較すれば、とくに成功を収めた部類であったとはいえ、彼らが体験したような、旅行先における現地の人々との近さは、それまでに数多く書かれてきた、自転車によらない旅行記にはあまりみられないものであった。

本章では、そのような旅行のありかた、そしてヨーロッパ文明外の世界へのまなざしの変化を、主として自転車という旅行手段と関連づけて述べた。しかし、そうした変化は、電信網の発達や蒸気船航路の発達といった、十九世紀末の欧米人が体験していた世界の急速な広がり、あるいは、万博での民族展示や人間動物園といった催しが興味を集めたことなどにもみられる、遠方の世界各地の社会や民族に対する関心の高まりといった、より大きな変化の一端でもあったのであろう。

# 第六章

## 三輪車の発展——合理的娯楽と自転車

人力で進む三輪車がいつ頃から存在し、利用されていたかということに関しては、二輪車の場合と同様に、正確なことはわからない。また、そうした三輪車の起源については、ここでは詳しく立ち入らないが、一八六〇年代以前の三輪車には、ペダル以外の駆動法で動いていたものもあり、ミショー型二輪車よりは古い起源を持っているようである。

## 一八七〇年代までの三輪車とその形態

これまで取り上げてきた、一八七〇年頃の自転車に関する書籍では、必ずといってといいほど、二輪車と共に三輪車についても紹介されている。それらの多くは、ミショー型の後輪を二つに増やしただけのような、前輪をペダルで漕いで進む形のものであったが、それ以外の駆動方式を持つもの、たとえば、後に一八八〇年前後に現れた新しい三輪車においても採用されることがあった、手でレバーを前後させて進む形

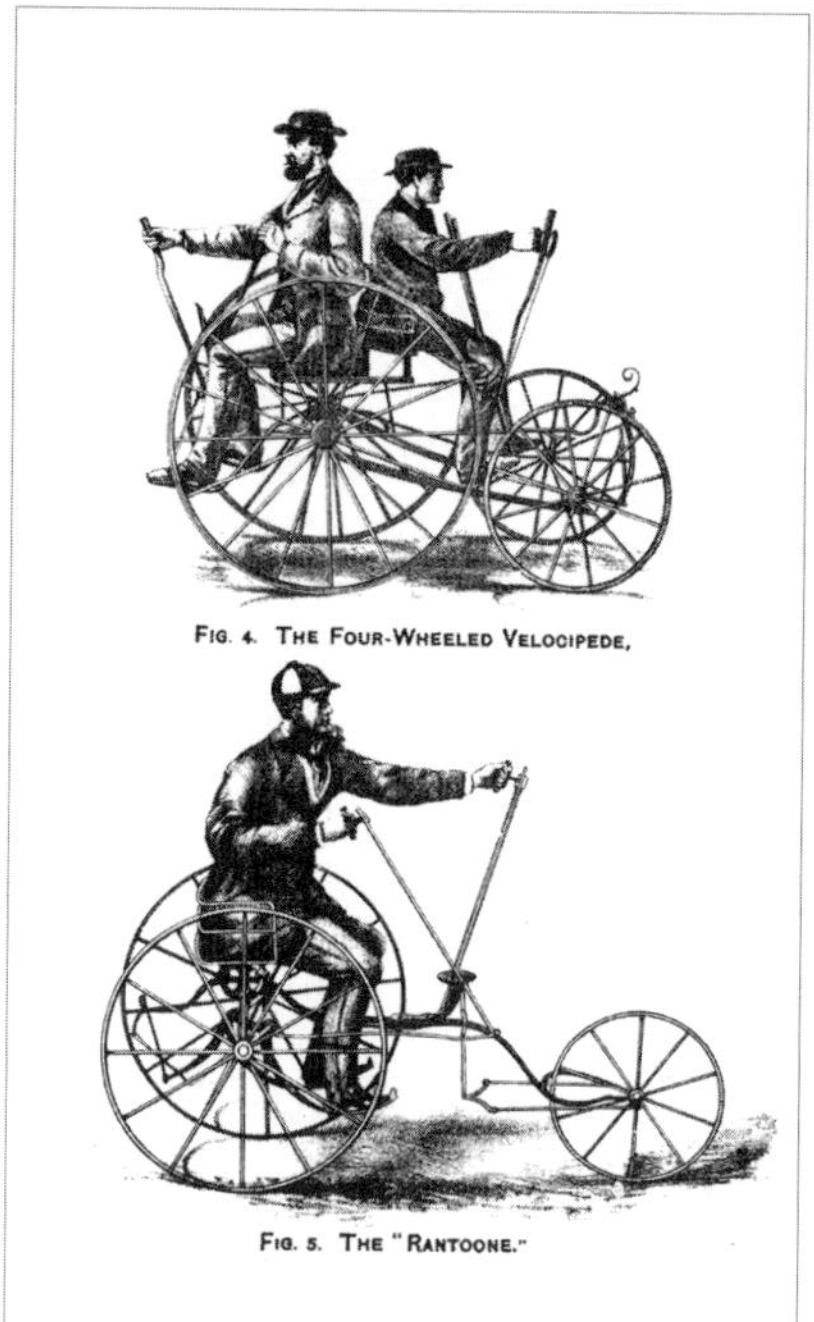


図 6-1
手で駆動させるレバー式の三輪車（1869 年）

式のもの（図6－1）[1]なども存在していた。車輪はどれもオーディナリ型以前の古い二輪車と同様、馬車に使用されるような形状であったが、車輪及びフレームが木で作られているものだけでなく、鉄製のものも各種作られていた。一八六〇年代を通してのミショー型二輪車における技術的発達については、小林恵三の研究[2]をはじめとして近年研究が進んできているが、共に改良が進んだ可能性が高い一八六〇年代の三輪車については、史料の発掘も研究も進んでいない[3]。

一八七〇年代に入ると、オーディナリ型自転車は大きく改良されていくが、三輪車は過去の乗り物として取り残されていった。一八七六年にようやく、二輪車における技術革新を取り入れた「ダブリン三輪車（Dublin tricycle）」と呼ばれるものや、ジェームズ・スターレー[4]による「コヴェントリ・レバー式三輪車（Coventry lever tricycle）」が出現し、販売されていく。[5] 一八七八年にはH・J・ローソン[6]により、後者を改良したチェーン駆動の「コヴェントリ・ラッジ三輪車（Coventry rudge tricycle）」が作られ、この駆動方式がすみやかに多くの三輪車に取り入れられていった。

一八七七年版のH・H・グリフィンの自転車購入ガイドブックには三輪車は掲載されていないが、一八八〇年に出版された七九～八〇年版では、十台の三輪車が取り上げられ、解説されている。このガイドブックの書名にも翌年からは三輪車が付け加えられた。[7] この十台の三輪車について、その駆動方式に着目すると、チェーン駆動のものとレバー式のものが五製品ずつとなっている。[8] 他にも、この七九～八〇年版では、五十六種類の三輪車について、簡単なスペックのみを記した一覧が巻末に付されてい

FIG. 11.—THE INVINCIBLE DIRECT STEERING RACER.

図 6-2
ダイレクト・ステアリング三輪車（1890 年頃）

た。このなかには、先に挙げた十台の三輪車も含まれており、この巻末リストは、当時イギリスで販売されていた三輪車をほぼ網羅していたと考えられる。この五十六種類中の三十がチェーン駆動を採用していた。

セーフティ型自転車が自転車の主流となる一八八〇年代末頃には、三輪車においても二輪車と同様に、大きな車輪は使用されなくなり、同程度の大きさの車輪を三つ使用し、後ろの二輪をチェーンで駆動する形の製品が大勢を占めるようになってくる。そうした三輪車では、ハンドル、ステアリング、フロントフォークといった前輪周りのつくりがセーフティ型二輪車と同一で「ダイレクト・ステアリング三輪車（Direct Steering tricycle）」という車種名が冠されていた（図6－2）。このような形式の三輪車を、本書では「セーフティ型三輪車」と呼び、それ以前の各種三輪車と区別する。当時、それらが従来の三輪車より安全な乗り物であるという認識はあったようだが、セーフティ型三輪車（safety tricycle）という呼称が一般的に用いられていたわけではない。三輪車は、少なくともオーディナリ型自転車と比較すると、安全であるのが当たり前な乗り物であったからであろう。

セーフティ型三輪車が一般的になる以前の時期では、駆動方式こそ一八八三年頃までには、ほぼ全ての製品でチェーン式が採用されていたが、車輪の大きさや配置をみると、非常に多様な構成の製品が存在し続けていた[9]。前述の七九～八〇年版巻末にある三輪車リストの冒頭では、三輪車の車輪構成を十六の形式に分類している（図6－3、表6－1）。下部の各数字右の横線は各車輪の配置を示しており、右が前、太線が動輪をあらわす。

ここで十六の形式に分類されてはいるが、これらすべてが一般的なものであったわけではない。表6－1に各形式別の掲載台数をまとめたが、たとえば六番の形のものは五十六種類の中に一つもなく、四つの形式は一台で採用されているのみである。十番に分類されている製品が十六ともっとも多く、大きい後ろの二輪を駆動輪とし小さい前輪で方向を変える、というこの形式の三輪車が、その後一八八〇年代半ば過ぎまで主流であり続けた。主流であったとはいっても、多くみても半分がその形式であっ

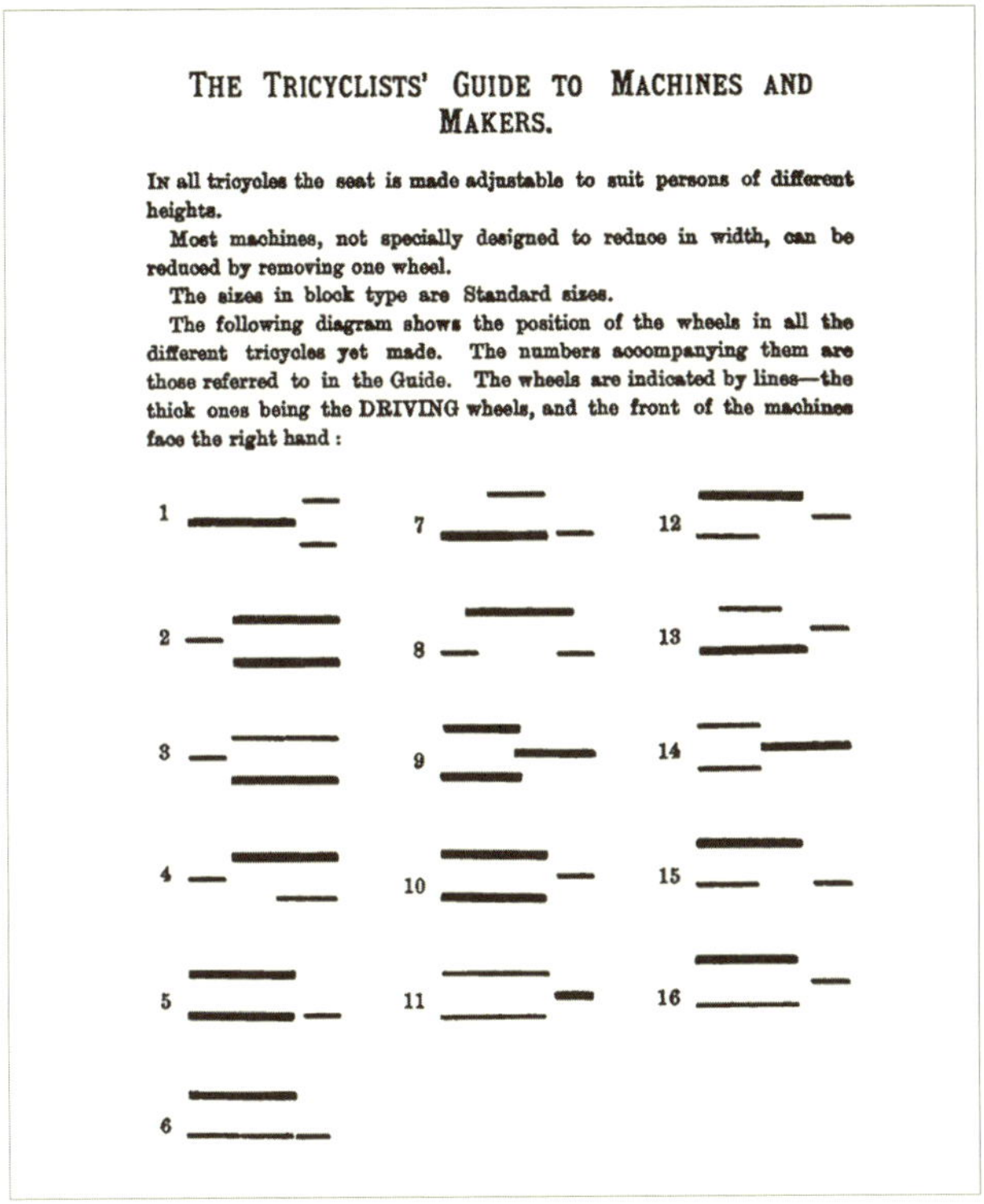
THE TRICYCLISTS' GUIDE TO MACHINES AND MAKERS.

IN all tricycles the seat is made adjustable to suit persons of different heights.

Most machines, not specially designed to reduce in width, can be reduced by removing one wheel.

The sizes in block type are Standard sizes.

The following diagram shows the position of the wheels in all the different tricycles yet made. The numbers accompanying them are those referred to in the Guide. The wheels are indicated by lines—the thick ones being the DRIVING wheels, and the front of the machines face the right hand :



図 6-3　三輪車の車輪構成分類（1880 年）

表 6-1◉三輪車の車輪構成分類（1880 年）

| 車輪構成番号 | 1 | 2 | 3 | 4 | 5 | 6 | 7 | 8 | 9 | 10 | 11 | 12 | 13 | 14 | 15 | 16 | 合計 |
|---|---|---|---|---|---|---|---|---|---|---|---|---|---|---|---|---|---|
| 台数（台） | 5 | 5 | 4 | 7 | 2 | 0 | 1 | 3 | 1 | 16 | 2 | 1 | 2 | 2 | 1 | 4 | 56 |

Griffin（1880）より作成

た程度で、他の形のものも存在し続けていた。とりわけ、八番の形を持ったコヴェントリ・ロータリー（Coventry Rotary[10] 図6－4）は、改良が加えられつつ、セーフティ型三輪車が一般的なものになる直前まで販売されていた。二番の形を持つものも、多くのメーカーが生産販売していた。この時期にのみ多く見られた形としては一番のものがあり、この種類については一八八四年版の序文で、前方に投げ出される危険性が高い、古いタイプの危険な三輪車であるため、ここに載せていない[11]、と書かれている。

## 一八八〇年代以降の三輪車

一八八〇年代に生じた三輪車の形態変化として、まず最初に現れてくるのは、二トラック（2 track）、すなわち轍（車輪の軌跡）が二つである三輪車への嗜好の増大である。図6－3の分類では、五～八番と十三番が二トラックで、他は三トラックとなる。轍が二つか三つかという差は、乗車快適性や走破性に大きな影響を与える要素であるが、一八八一年版ではまだほとんど意識されていなかった。これが、一八八三、八四年頃になると、三輪車の種類を分ける、もっとも大きな要素にまでなっている。ただ、二トラック三輪車の多くは、旋回性能で劣っていたため、セーフティ型三輪車が主流になるまで、三トラック三輪車も販売され続けていった。

一八八一年頃までは、三輪車は街中でそれほど多く見られるものではなかったが、同年後半から一八八〇年代半ばにかけて市場を席巻していく。三輪車のみを愛好する者の数は、最盛期の一八八四年頃でも二輪車の三分の一から四分の一程度ではあったが、セーフティ型二輪車が一般的なものへとなる直前の数年間に、サイクリストが三輪車へ向ける関心は、二輪車と同等かそれ以上に高くなっていった。たとえば、第二章でとりあげた自転車見本市のスタンリー・ショーへの出展台数をみると、一八八三年から一八八六年にかけては、三輪車が二輪車を上回っていた[12]。

三輪車のブームに火をつけたのは、よく言われるように、一八八一年の六月にワイト島のオズボーン・ハウスに滞在中のヴィクトリア女王が二台の三輪車をJ&W・スターレー[13]に注文した、という出来事の影響が大きかったであろう。これにより、三輪車がより上品な乗り物であると認識されるようになり、購買層が大きく広がっていったと言われている[14]。

だが、そうした三輪車のブームを支え拡大したのは、製品としての三輪車の技術的改良の進展によるところも大きい。もちろんそれは、需要の増大とともに多く

FIG. 40.—THE COVENTRY ROTARY NO. 1. ROADSTER.

図 6-4
コヴェントリ・ロータリー三輪車（1886 年）

のメーカーが製品を製作販売するようになり、競争が進んだ結果でもあるだろうが、一八八一年から八二年にかけて、三輪車はオーディナリ型二輪車で培われた技術を取り入れつつ、さらにチェーンやサドルの改良など三輪車主導の技術革新を実現して、急激な進化をとげていった。

三輪車は、女性や老人など、これまで自転車に乗ることのできなかった人々をとりこんでいくが、それだけではなく、オーディナリ型二輪車に乗ることができる若い男性の中にも、三輪車を愛好する者がでてきた。とりわけ、前章で述べたように、自転車旅行の際に、三輪車は荷物を容易に多く運ぶことができるという大きな利点を備えていたため、一八八〇年代半ばから一八九〇年代初頭のセーフティ型二輪車黎明期には、セーフティ型二輪車以上に、三輪車が旅行に適しているとされていた[15]。ただ、当時の記述において、三輪車はオーディナリ型自転車と比べてギア比が軽く、坂を登るのにも向いていると書かれていることもあるが、多くの三輪車はオーディナリ型並の五十二〜六十インチ相当程度にギアアップされており、車体が比較的重かったこともあって、三輪車一般が坂に強かったわけではなかった。もちろん、オーディナリ型と異なり、より軽いギアを選択することもできたのは、大きな変化ではあったけれども。

さらに、三輪車によって新たに開拓された用途として、二人乗り自転車がある。一部の製品を除いては二人の力を合わせて進むことができたため、互いに補い合いつつ長距離を進むということもできたし、また、女性と男性とで自転車旅行をすることを容易なものとした。一八八三年頃まではソーシャブル（Sociable）と呼ばれた横に二人乗る形のものがほとんどであったが、一八八五年頃にはほぼ見られなくなり、タンデムと呼ばれる前後に二人乗るものが主流となった。一八八五年版では、九十一台掲載されていた三輪車の中でタンデムが二十三台、ソーシャブルが三台、一八八六年版では、百六台中それぞれ三十台と二台であった。この割合がそのまま売れ行きを表しているとは言えないであろうが、三輪車の需要のうち結構な割合を二人乗り車が占めていたとは言えるであろう。また、一人乗りのものを二人乗りにするアタッチメントをオプションとして販売している「コンバーチブル三輪車（Convertible Tricycle）」（図6－5）も一八八〇年から見られ、一八八五年版、一八八六年版にも、それぞれ六台ずつ掲載されている[16]。

三輪車の欠点としては、車体重量が重いこと、車体が大きいことが挙げられる。重量については、形態が各種存在することもあり、製品によって幅が大きく、二輪車のように明確に数値的変化を提示するのは難しい。とりわけロードスタータイプの三

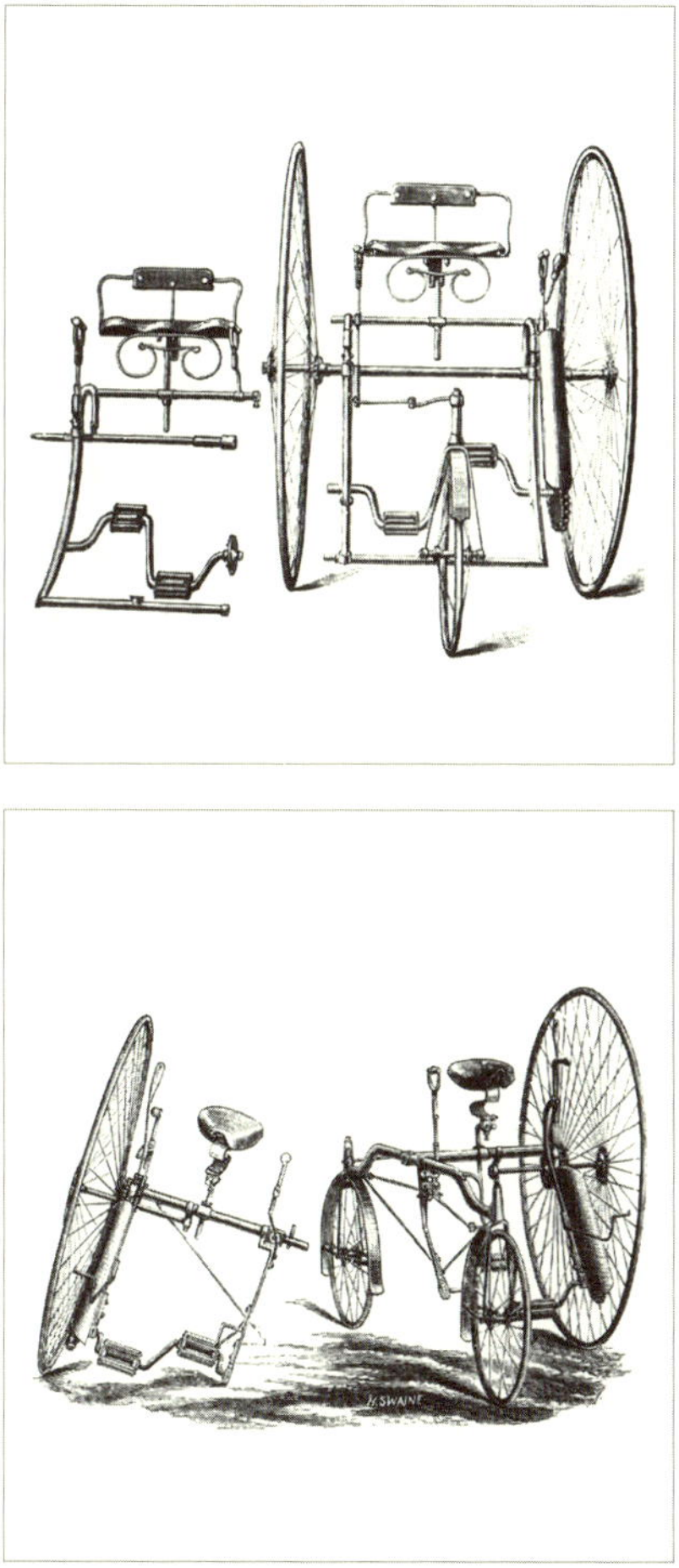

図 6-5
二人乗り用アタッチメントが用意されている
三輪車、二種（1884 年）

輪車の場合、一八八六年版では重さがほとんど記載されておらず、それほど軽量化がすすまなかったのかもしれない。ロードスターにおいても多くの製品で重さが記載されている、グリフィンのガイドブックの一八八一年版とH・スターメーによる一八八三年に刊行された別のシリーズの本とで比較すると[17]、前者では八十〜百ポンド（約三十六〜四十五キログラム）のものが中心で、後者では七十〜百ポンド程度のものが多い。後者には約二百五十の製品が掲載されており、質のあまりよくないものも混ざっていたであろうことを考えると、この間に一割程度の重量軽減はあったようである。レーサータイプの三輪車については、常にほとんどの製品で重さが明記されており、一八八三年の本では五十〜六十ポンド程度だったものが、一八八六年版では三十五〜四十ポンド程度へと大幅に軽くなっている[18]。

大きさについては三輪車の出現当初から重要な問題であり、一八七九〜八〇年版においても、八つの製品で分解収納が可能とされており、幅四十インチ（約一メートル）程度のものが三十インチ程度になるとある[19]。その後も、四十インチ程度が三輪車の標準的な幅であり続けたが、二十二インチ程度にまで小さくして収納できるもの（図6-6）[20]なども現れ、その際の作業も、より簡単になっていった。

ここで、当時の三輪車に対する評価として、前述の一八八三年に刊行された書籍の中で、H・スターメーがオーディナリ型二輪車と三輪車とを比較して述べていることを要約して紹介しておきたい[21]。これは当時の自転車愛好家による、公平な比較と言えよう。

――二輪車と三輪車のどちらが優れているか、という問いに即答できる人はいない。

ごちらかが他方を完全に上回っているということはなく、重視する点と用途とによるであろう。二輪車は速さと軽さ、見た目のエレガントさにおいて優っており、三輪車は快適性と万能性において優っている。三輪車は、安定性に優れ、誰にでも乗れて、より安全である。だが、二輪車はどこにでも置けて移動させるのも容易であるが、三輪車はドアも通らないし、安定した（平らな）場所に置く必要がある。分解可能なものもあるが、手間と時間がかかる。もっともこの点に関しては改善が進んできているけれども。そして、速度に関しては、構造上、三輪車は二輪車に及ばない。三輪車は重く、部品の摩擦抵抗によるロスが大きい。

これは一八八三年の時点での記述であるが、この後二、三年の間で状況は大きく変わっていく。たとえば、三輪車のレーサーによる各種記録をみると、速さにおいては二輪車とそれほど差のないものとなっていった。またこの書籍では、二輪車（bicycle）

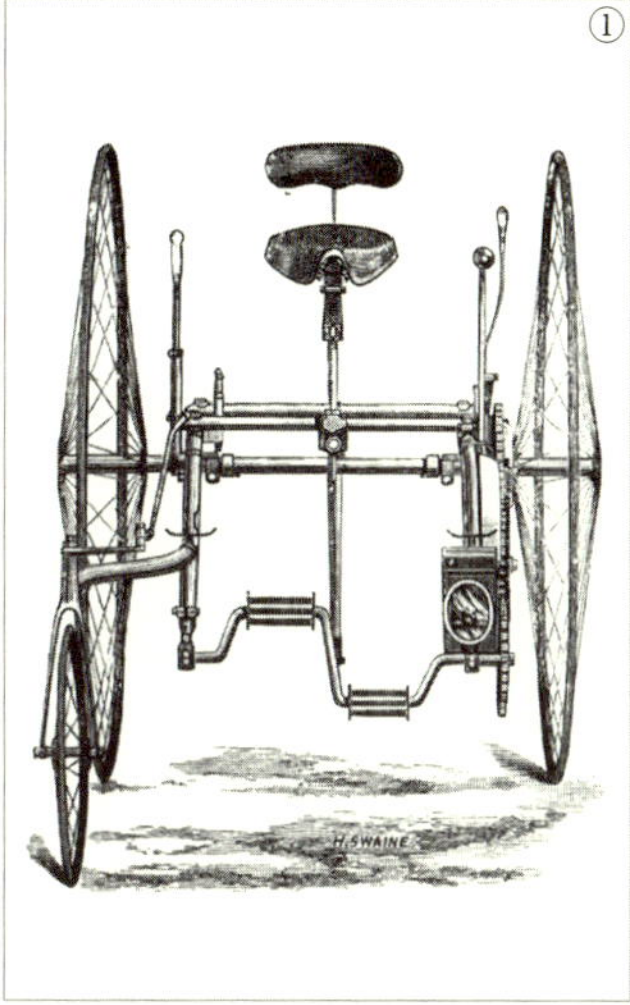

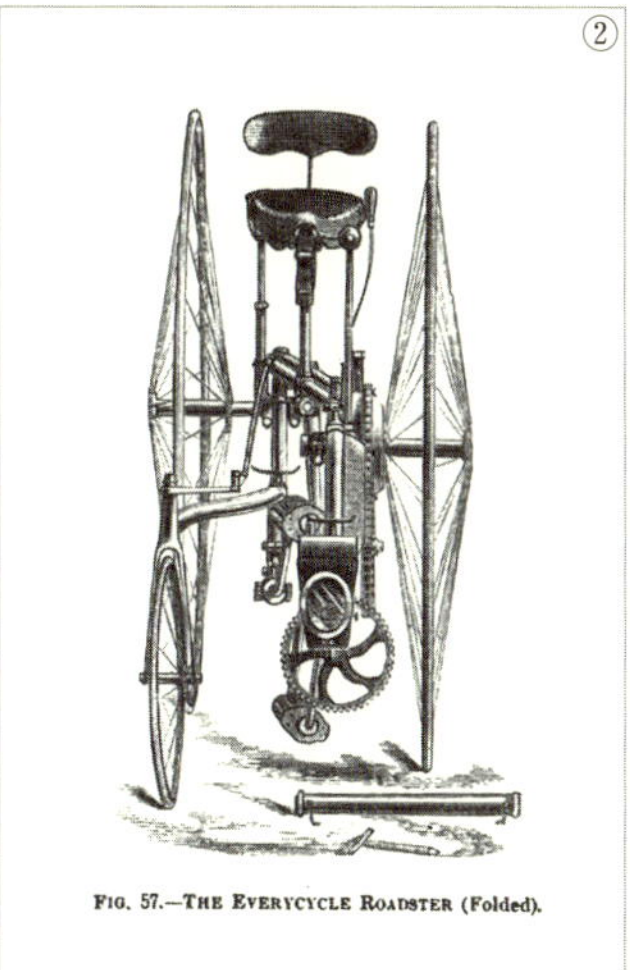

FIG. 57.—THE EVERYCYCLE ROADSTER (Folded).

図 6-6
折りたたみ収納が可能な三輪車
（①を折りたたむと②になる）（1884 年）

について、もうこれ以上改良の余地がないほど完成されたものになっていると述べられている。しかし現実には、各種セーフティ型が次々と登場してくることとなり、またオーディナリ型においてもハンドルバーの改良や踏み幅の縮小など、まだ改良が進む余地が残されていたのであった。

## オーディナリ型自転車と危険性

三輪車は、安全で上品な乗り物としてもてはやされていったが、これは同時に、オーディナリ型二輪車が危険で野蛮な乗り物である、という過去の評判を蒸し返すことにもなった。

一八八〇年前後の時点でもグリフィンが、その一八七九〜八〇年版のガイドブックに掲載された、エクストラオーディナリ（'Xtraordinary）という、前輪が多少小さい車種の解説文の冒頭で、「近代的な二輪車は高さが増していき、その危険性も大きくなってきた。そこで、臆病な乗り手にとどまらない多くの人々の間で、安全な自転車（"safe" machine）への需要が増大してきている」と述べている。これは、安全を売りとした製品の解説であるが故の物言いではあるだろうが、サイクリストの間でこのような需要が出始めていた、ということは言えるであろう。

サイクリストが年々増加してくる中で、仲間が危険な落車に見舞われる機会も増え、そうしたリスクを避けたいと考える人が増えるのも自然なことでもあった。そのようなリスクを重大な問題とみなして、安全な自転車を求めた人々の一部は、当時ほぼ唯一の実用的な安全二輪車であったエクストラオーディナリを購入したのであろうが、より多くの人々が、新しく現れてきた近代的な三輪車に乗るようになっていった。その結果、オーディナリ型に好んで乗るサイクリストの中には、それ以前にもまして、危険を好むような人々の割合が増えていったことであろう。自転車に乗る人と道路を走る自転車の数自体が大きく増加したことも、自転車の危険性が目撃される頻度を高めていくこととなった。

ここで注意しなければならないのは、自転車と危険性との関係を考える際には、乗り手にとっての危険と傍目から見た場合の危険の二つがあるということである。とりわけ、オーディナリ型自転車の時代には、その種の自転車に乗る人、乗りうる人は、もっぱら若く活動的な男性に限られており、誰もが乗るものではなかったことにも留意しなければならない。そして、この頃の自転車は娯楽活動にのみ供されるものであり、必要に迫られて自転車に乗るということもなかった。自転車が空気入りタイヤ付きのセーフティ型自転車へと移り変わった後の、一八九〇年代半ば以降の誰しもが自転車に乗りうるようになる時代、そしてさらに後の、通勤など日常生活での移動手段として自転車が活用されるようになる時代とは、まったく異なる状況がそこにあったのである。ただ、近年の日本などにおいても、この構造は形を変えて存在している。高性能なスポーツカーや、スクーター以外のオートバイ、ロードバイクなどのスポーツ自転車は、当時のオーディナリ型自転車と類似した立場にあるとも言えよう。

十九世紀の各種自転車では、乗り手側が感じる危険は、過度のものでなければ、必要とされ、求められるものでもあった。自転車に乗ることは、心地よい運動の充実感を得たり、自由な移動手段を行使したりするだけでなく、同時に、他のものでは得られないスリルやスピードを体験しうる娯楽でもあった。そして、こうした傾向は、オーディナリ型自転車という形態の乗り物が使用される際には、より強かったであろう。

もちろん、娯楽として成立するためには、ある程度の安全性が保障されている必要があり、とりわけ、望まない形で直面させられることになる不意の危険への遭遇は、低確率に抑えられるべきものであった。そうした方向での改善は、着実に進んでいった。まず挙げられるのは、製品の高品質化による車体への信頼性の向上であろう。また、路上での走行においては、道路状況に関する情報が十分手に入るようになり、危険な急な下り坂を知らせる標識の設置や路面状況の改良が進むことによって、不意の望まぬ危険は避けられるようになっていった。トラックでの走行においても、自転車向きのトラックが増えていくことにより、その形状などに由来する不条理な事故が減少していった。このように、乗り手にとっての安全性は改善が進み、さらに、より安全性の高い自転車として、三輪車やセーフティ型という選択肢も現れてきた。自転車の性能向上が進み、安全性が保障された中で、より高いレベルのスリルやスピードを体験することも、望めば可能な状況へとなったのである。

しかし一方で、自転車の増加と走行速度の向上という変化は、自転車に乗らない人々にとっては、危険なものと認識されてしまうものでもあった。それゆえ、一八八〇年代のオーディナリ乗りには「車輪に乗った無頼者（cads on caster）」などの悪名が付されることとなり、路上でのレースには拒否反応が生じることになる。たまに事故が起こると、一般紙などの紙面を賑わすような、過剰な反応が引き起こされる原因ともなった。

サイクリストの側からは、そうした悪い評判を払拭するための努力がなされるのだが、そこで大きな役割を果たしていたのが、自転車クラブであった。クラブという活動形態をとること自体が、まず、自転車という娯楽がジェントルマンの行なうものであることを示そうとするものであった。これは、他の新興スポーツ、たとえば登山などが過去にたどってきた道でもあった。[22]そしてさらに、BUやBTCにおいては、社会的地位の高い（レスペクタブルな）人々が代表や理事の職に就き、走行時のルールを決め、自転車に乗る人々を啓蒙し、その行動をコントロールしようとする姿勢と努力を示した。クラブ・ランやミートといった活動では、揃いの制服を着こなし、集団で統制のとれた走行や行進を人々に見せ付けることにより、自転車という娯楽が、それなりの立派さをもっていることを示そうとしたのであった。

オーディナリ型自転車に乗った人々の中には、馬にも乗れるジェントルマン階層の者も居なかったわけではなかったが、その中心をなしていたのは、都市部の新興中産階級の若者達であった。そうした彼らは、乗馬や狩猟といった旧来的でレスペクタブルなスポーツへの憧れからも、その憧れを具現化させるクラブやミートといった活動形態に積極的に参加していったのであろう。

## 合理的な娯楽、自転車と健康

自転車という娯楽がレスペクタビリティを求めた、また別の形の闘争としては、自転車と健康との関わりがある。一八七〇年代までは、自転車は「骨ゆすり」（boneshaker）という異名をも付されていた。当時の医学では、身体に振動を与えることは大きく健康を損ねるとされており、[23]健康を損ねるような娯楽は、合理的（rational）ではない、レスペクタビリティが欠如したものだ、とされた。[24] 一八七〇年頃の自転車関係の書物でも、自転車は健康によい、という主張がなされていたし、そうした主張はその後も繰り返しなされていったが、それが説得力をもつものとなっていくのは、一八八〇年代前半における、サドルへのコイルスプリング採用以降のこととなる。それまでも乗り心地の改善は進められてきたが、ここにおいて、大きくそれが前進したのだった。それは、実際の改善の度合いによるところもあったであろうが、それにもまして、視覚的効果が大きな役割を果たしていたと推測される。そもそも、自転車に「骨ゆすり」というレッテルを貼っていた人々の多くは、実際に自転車に乗って体感していたわけではなかった。自転車が、木製のものから大きな進歩をとげ、乗り心地が改善されてきていたにもかかわらず、それを知ることなく、批判していた人々もいたであろう。だが、コイルスプリングという新しい技術の採用により、見た目にも大きな変化がもたらされ、大きく印象が改善されることとなった。そしてさらに、（オーディナリ型と比較すると）乗り手を選ばない、三輪車やセーフティ型二輪車の登場によって、その乗り心地を実際に体感する機会も増えていったであろう。

その後、自転車の主流がセーフティ型へと移り変わり、タイヤがソリッドゴムタイヤからクッションゴムタイヤへ、そして空気入りゴムタイヤへと変化したことにより、乗車快適性が増し、さらに危険性が取り払われていった。オーディナリ型からセーフティ型へと形状が大きく変化したこともあって、自転車は健康によい影響を与える娯楽であるという主張が、説得力をより強く持つものになっていったのである。一八九〇年代半ば以降の自転車は、こうして合理的な娯楽とみなされ、ひろく広まっていくこととなった。

一八八〇年代末には、セーフティ型二輪車が主流となり、オーディナリ型は絶滅寸前の段階にあったが、そのころに、オーディナリ型の新しい車種として、合理的オーディナリ型自転車（Rational ordinary bicycle）というものが現れてきた。この種の製品は、二～三インチ程度のレイクと、二十二～二十六インチ程度の後輪とを持っており、同時代評では、「使用されている技術は最新のものだが、形態はまるで一八七四年頃の自転車にまで先祖がえりしたような」自転車である、という解説がつけられていた。塗装や装飾面では、実用重視の傾向が強まっていた当時の他の自転車と比べて、比較的豪華な仕上げがなされており、製品名においても「スペシャル・クラブ」という古風な名称が採用されていた。[25] [26]

一八八〇年代半ば頃から、オーディナリ型ロードスターの需要はセーフティ型と三輪車に奪われ、オーディナリ型はレーサー主体の製品ラインナップになっていった。この状況の中で、セーフティ型と比較するとロードスター的であるとは言い難い、ロードスタータイプのオーディナリ型が、合理的オーディナリ型自転車という新たな名称と価値を付与されて、販売されることとなったのであろう。わざわざ時代遅れのオーディナリ型を選ぶような客の、懐古趣味を刺激するような製品でもあったのかもしれない。

一八七〇年代には粗野で危険な乗り物とされていた自転車は、さまざまな改良と変化を経て、一八八〇年代前半には、しだいに社会に受け入れられていった。その後、一八八〇年代末頃に自転車の主流がセーフティ型へと移り変わり、誰もが乗ることのできる、それほど危険ではない乗り物になっていった。そして同時に、ごく少数の人々が乗る高価で珍しい乗り物から、ありふれた安価な乗り物へともなっていったのである。

自転車が一般的な乗り物となっていった十九世紀末から二十世紀初頭には、自転車とはまた別の、新たな乗り物が路上を走りはじめていた。自動車やモーターサイクル（オートバイ）は、自転車より速く走ることもできたが、そのこと自体が周囲に事故の危険をもたらすものであり、そのうえ騒音や排気ガスなどの、新たな迷惑を振りまいて走る乗り物でもあった。そうした乗り物の公道上における走行を大幅に制限していた「赤旗法」と呼ばれる法律が、一八九六年の十一月に撤廃されたことによって、イギリスにおける自動車の歴史が大きく動き出すこととなる。

趣味的な乗り物のまま普及が進んでいった自転車とは異なり、自動車は実用的な乗り物として、馬車や（地下鉄や路面電車などを含む）各種鉄道などの公共的交通手段と競合し、補い合いながら、馬車にとって代わっていった。直接自動車を利用しない人々が、多数派として非難や迫害を向けるという状況は、一時的には存在したものの、長くは続かなかったのである。また、自家用の自動車やモーターサイクルは、初期の自転車と比べても数倍以上高価な乗り物であったため、所有者はほぼ社会的地位の高い人々に限られた。そのため、自転車が経験したような、レスペクタビリティ獲得のための闘いを必要としなかった。なにが合理的で、どういう人々が尊敬を受ける対象であるのかといった価値観が、一八七〇年代から八〇年代にかけての時代と、大きく変わってきていたということもあるであろう。

しかし、自動車もまた、便利で優れた乗り物であると多くの人々に認められる以前には、粗野で信頼性の低い、実用性に乏しい乗り物とみなされていた。とくにイギリスでは、公道を走る馬車以外の乗り物への不寛容に加えて、次章でとりあげるE・J・ペニントンのような山師的人物が初期の自動車産業と深くかかわっていたことにより、他国よりも自動車及び自動車産業の導入で遅れをとることとなったのである。

# 第七章

# 自動車の時代へ——赤旗法の廃止とペニントンの三輪自動車

十九世紀後半のイギリスにおいて、自動車の速度を制限することによりその工業的発展をも妨げることとなっていた、悪名高い「赤旗法」がようやく撤廃されたのは、一八九六年のことだった。この前後の時期に、自動車に強く関心を寄せていた人々は、どのような問題と闘い、どのような自動車を望んでいたのか。この章では、当時の『オートカー（*The Autocar*）』誌の記事を通して迫っていきたい。

そこには、その後の自動車の発展にはほとんど寄与するところのなかった、E・J・ペニントン（Edward Joel Pennington）という人物が、非常に大きな存在として現れてくる。後世の目から見れば、彼はあきらかに大法螺吹きの詐欺師であり、同時代の人々による評価も、それと同様のものに定まるまでにそれほど多くの期間を要したわけではなかった。しかし、短い期間であったとはいえ、彼と彼の自動車は非常に高い評価を得ており、真偽が疑わしいエピソードもあるとはいえ、彼の手による何台かの試作車が、人々の前で圧倒的な性能を示したのもまた事実であった。

彼の発明品及び彼にまつわる言説は、虚実入り混じる類のものであり、その真偽について吟味しながら語る必要がある。そのことを踏まえた上で、ここでは、虚偽の可能性が高いと推測される技術や言動についても、そこに意味を見出していきたい。詐欺を成功させるためには、人々が望むようなものを一定以上の説得力を付与しつつ提示することが必要であり、それゆえ、そこで提示されたものについて検討していくことにより、当時の人々の心性や知識を推し測ることができると考えられるからである。

なお、本書では便宜的に「自動車」もしくは「車」という呼称を用いたが、自動車のような乗り物に対して、十九世紀末頃のイギリスにおいては、「馬なし馬車（horseless carriage）」という名称が比較的多く用いられていたほか、いくつかの呼び名（オートカー、モーター・カー、モーター・キャリッジなど）が、混在して用いられていた。現代のイギリスでは、日本語のオートバイとほぼ同じ意味を持つ「モーターサイクル（motor cycle）」という語も当時から多く用いられていたが、これは当時は、本章でとりあげていくペニントンの三輪自動車などをも含む、より広い概念を指す言葉であった。現代の日本でオートバイと呼ばれるような、動力のついた二輪の乗り物は、主として「モーター・バイシクル」と呼ばれていた。

## 赤旗法の廃止に向けて

イギリスでは、一八六五年に、蒸気機関で動く大型の乗合自動車の規制を目的として、通称「赤旗法（Red Flag Act）」とも呼ばれる「ロコモーティブ・アクト（Locomotive Act）」が制定された。一八七八年の法改正によって、実際に赤い旗を持った人が車を先導する必要こそなくなるが、道路を自走する乗り物に対して、郊外で時速四マイル、市街では時速二マイル以下という厳しい速度制限を課し続けていた。この法律によって、イギリスの自動車産業の発達は、大きく阻害されていたのである。他の国でも同様に、動力を用いて路上を走る乗り物を規制する法律は存在していたが、イギリスよりも早く撤廃され、一八八〇年代から九〇年代にかけて、ドイツ、フランス、アメリカといった国々では、小型の蒸気自動車やガソリンエンジンで動く自動車の製作を、多くの人々が手がけ始めていた。

一八九四年にはフランスでパリ〜ルーアン間の百二十八キロメートルを走行する初の自動車ロードレースが二十一台の参加によってとり行なわれ、また、ドイツでも、ベンツ社だけで同年に六十七台のガソリン自動車が生産されていた。(1) ベンツ社は、翌一八九五年には百三十五台、一八九九年末までで合計二千台以上を生産した。イギリスでも、J・H・ナイト（J. H. Knight）などが小型の自動車を製作していたが、(2) 公道での走行が禁止されている状態では産業的、商業的発展は望むべくもなかった。

そのような情勢の中、セーフティ型自転車の最初の発明者であり、自転車会社のプロモーターとして名と財を成したH・J・ローソンなど数人の人物が中心となり、法改正へのロビー活動、広報活動が行なわれ、一八九六年十一月十四日の赤旗法撤廃へと繋がっていく。この日の新法律の施行によって、イギリスでは、自動車の速度制限が郊外で時速十二マイル、市街で時速六マイル以下へと大幅に緩和された。

ローソンは一八九五年にパテント保持会社のブリティッシュ・モーター・シンジケートを設立し、ド・ディオン・ブートン社、（ダイムラー型エンジンの特許を持っていた）パナール・ルバソール社、そしてペニントンが保有する特許によって製作される自動車の英国内専売権を取得した。前二社にはそれぞれ二万ポンド（現代の日本円で数億円)、ペニントンには十万ポンドを支払ったとされている。[3] また、同年に愛好者団体としてモーター・カー・クラブ(The Motor Car Club)を設立し、その会誌的な役割を持たせた週刊の雑誌『オートカー』を一八九五年十一月二日に創刊した。これは週刊の自動車専門誌としては世界初のものであり、[4] 値段は三ペンス(約五百円)で分量は十六頁程度、誌面構成は国内外の自動車関係のニュース、技術的コラム、広告、読者投稿欄、自動車関連特許のリストとその内容紹介であった。編集者には自転車雑誌などの編集者として著名であったH・スターメーが起用された。

この誌上では、少なくとも一八九七年二月頃までは、ペニントン社製の自動車の全面広告が毎号二頁掲載され、記事や読者投稿欄でもペニントンの筆によるものが多く載せられていた。先に示した投資額の大きさのみならず、このことからもローソンやその周囲の人々がペニントンを高く評価していたことが覗える。

また、広報活動の一環として一八九六年の二月から三月にかけてインペリアル・インスティテュートにて幾度か行なわれた実車試走会では、ダイムラー製のものなどとともにペニントン製とされる自動車が用いられ、高い評価を得ていた。王太子アルバート・エドワードも列席した一八九六年二月十五日の試走会では、一台の電気自動車とダイムラー製、アクメ社製、ペニントン製の三台のガソリン自動車が披露され、その性能を人々に見せ付けた。その会合の様子を報じた『タイムズ』紙の記事には、「非常に重要な要素の一つである操舵装置に関しては、優美さでは劣るとはいえ、ケイン・ペニントン社(Kane-Pennington Company)製作のマシンがもっとも快適なものであったといえるであろう」という記述が見受けられる。[5] こうした走行会を通して、ペニントン製の自動車は「真に実用的な乗り物であり、偉大な将来が約束されているであろう」といった評価を得て、彼自身は著名な自動車発明家の筆頭に名前が挙げられるようにもなっていった(6)。

ペニントンは一八九五年の末頃にアメリカからイギリスへと渡り、その活動の本拠を移したが、イギリスに渡る以前に、既に発明家としても企業家としても激しい毀誉褒貶を受けるような存在であった。

## 発明家、E・J・ペニントン

エドワード・ジョエル・ペニントンは、一八五八年にインディアナ州のマイランに産まれた(7)。彼の父は製材工場を経営し、バプテスト派の巡回説教師でもあった。彼は村の学校で学んだ後、十三歳のときに牧師を目指して村を出るが、シンシナティにてJ・A・フェイ社（J. A. Fay Company）という木工機械メーカーで八年間働くことになる。雇い主は、彼には技術的才能があると予見していたという。その後、一八八一年に彼は最初の特許を取得し、一八八五年には最初の会社であるスタンダード・マシン・ワークス（Standard Machine Works）を設立、その後も数年の間にいくつもの会社を興した。

彼の発明品が最初に衆目にさらされたのは一八九一年の一月のことである。シカゴのオールド・エクスポジションというビルの屋上にて、電気モーターで浮遊する飛行船を披露した。その飛行船は長さ約三十フィート（約九メートル）、直径約六フィート、船体は光沢のあるシルク製で、四十フィート程飛んだといわれている。しかし、それはバッテリーを地上に置き、そこから電気が供給される、という仕組みのもので、一般人はだまされたが、その様子を報じた『エンジニアリング・ニュース』誌では、彼は当時多く存在した、飛行船や飛行機の発明を騙る詐欺師（Aerial Humbug）の一人として扱われた。

その後、ペニントンは飛行船から陸上交通、そして自動車産業へとターゲットを変更していく。一八九三年には百五十マイルのモノレール敷設を計画し、また、この年から自動車関係の特許を取得しはじめた。その後、彼はのちにイギリスに渡って喧伝することとなる、パンクしないタイヤや、新奇なエンジン着火機構（long-mingling spark ignition system）などに代表される各種の特許を取得していった。そしてトマス・ケイン（Thomas Kane）の助力を得て、一八九五年にケイン・ペニントン社を設立し、本格的に自動車製作事業へと参入することとなる。

一八九五年の十一月に行なわれる予定であった『タイムズ・ヘラルド』紙主催のガソリンエンジン車によるロードレースに、彼は計四台のモーターサイクル及び自動車をエントリーさせていたのだが、参加者不足のためレースは延期された。レースが開催された時にはペニントン自身は既にイギリスに渡ってしまっていたこともあり、結局、彼のマシンはそのレースに参加しなかった。

彼の開発したエンジンは重さがたったの二十ポンド（約九キログラム）で、二馬力の出力を持つという、当時としては驚異的な性能であったとされており、『イヴニング・ウィスコンシン』紙が伝えたところによると、それを搭載したモーターサイクルは最初の一マイルを一分二秒で、次の一マイルを五十八秒で走ったという。彼が開発したエンジンの性能はイギリスにおいても報じられており、『オートカー』誌のみならず、『タイムズ』紙においても、公道を走るための自動車に関する識者達の談話を紹介している記事の中で、「ニューヨークのペニントン氏が発明した液体燃料で動く自転車(petrol bicycle)は、平坦な道においては時速六十マイルで走ることが可能だと主張している」という記述が見られる(8)。

ペニントンはまた、このような軽量、高性能なエンジンをモーターサイクルに搭載し、後部に大きなプロペラをつけることにより、飛行することすらも可能であると主張していた(図7-1)。これは当然ながら、知識や良識のある人々からは一笑に付され、彼自身への評価をも大きく損なう要因となっていた。

一八九五年の年末頃にイギリスへ渡ったペニントンは、当初はロンドンでメトロポール・ホテルの一部屋にオフィスを構え、そこに複数の若い女性タイピストを置き、彼自身は豪華な服や装飾品で着飾って悠々と構えていた。訪問客が来ると、タイピストたちは忙しく機械を打ち鳴らし、ペニントンはダイヤのちりばめられた金時計を頻繁にとりだして、時間を気にしながら、しかしそれでいて紳士的に客の相手をした。彼の話を聞いた訪問客はたちまち、ガソリンエンジンが抱える問題を解決できるのは彼だけだ、と信じるようになるのであった。

図7-1
ペニントンの空飛ぶモーターサイクル

ロンドンでのしばらくの逗留の後、H・J・ローソンから、自動車製作のための場所として、コヴェントリにあるモーター・

ミルズという建物の一階が彼に与えられた。その前庭は花で飾られ、室内は彼の発明品によって飾り立てられていた。

コヴェントリに移った後も、ペニントンは彼の自動車の量産に着手することはなかった。赤旗法廃止後、フランスのボレ社製、ドイツのダイムラー社製、アメリカのデュリエ（Duryea）社製といったものに代表される、さまざまな種類の自動車が輸入販売されるようになってもそれは変わりなかった。それにも関わらず、彼と彼の手による自動車は、一八九六年の後半から一八九七年の初頭にかけての間、『オートカー』誌誌上において話題の中心となっていた。

前節でも述べたように、同誌は、彼の車やエンジンに関する広告が優先的に載せられていた。そこには彼の発明したモーターサイクルやエンジンが、その高性能さを賛美する言葉とともに大きな写真を用いて紹介されており、それだけでも読者の関心を大きく惹いたであろうと推測される。さらに加えて、誌上の記事でも、彼に関する話題が継続的に掲載されていた。

それらの話題は主として三つに分類できる。一つ目は『オートカー』五〇号（一八九六年十月十日号）の誌上で彼が発表した、「（ペニントン氏による）世界に対する挑戦」（"A Challenge to the World"）に関するもの、二つ目は新法律の施行による赤旗法撤廃を記念して十一月十四日に行なわれたロンドン～ブライトン間（走行距離八十三キロメートル）の走行会に関するもの、三つ目はその走行会で圧倒的な能力を見せ付けたボレ社製の車とペニントン製の車との綱引き勝負に端を発する論争である。

次節以降では、これらの話題に関して、読者投稿欄でのやり取りを中心にして見ていくことにする。記事や広告の内容のみならず、読者投稿欄に掲載される手紙の選別においても、この雑誌の主たる出資者であるローソン、そして主たる広告主であるペニントンの意向が反映されている可能性は無視できない。また、目撃談として掲載されている内容が、すべて事実を語っていると信じるのは早計であろう。どちらの要素に関しても、より中立的な他の資料を提示することは困難であることに十分留意しつつ、検討していかねばならない。

## ペニントンの「世界に対する挑戦」

先にも述べたが、この時期の『オートカー』誌は広告を含めて十六頁前後からなっており、そのなかの読者投稿欄の分量は、号によって差はあるがだいたい二頁弱で、三〜六通程度が紹介されていた。ペニントンに関する話題が盛んであった一八九六年の十月から一八九七年の二月までの期間（四九〜七〇号）を見てみると、全部で百二十五通が掲載されており、その内の三十四通がペニントンとその自動車に関するもので、全体の四分の一以上を占めていた。

まず最初に、「世界に対する挑戦」と題されたペニントンによる競技会の提案について見ていく。これは主としてその数週間前にフランスで行なわれたパリ〜マルセイユ往復レース（千七百二十八キロメートル）の勝者に向けられた挑戦であり、同時にあらゆる自動車製作者への挑戦でもあった。これ以前にも彼は同種の競技会の開催を提案していたが、これはその規模を大幅に拡大した突拍子もないものだった。

その概要は、一八九七年一月開催予定で、参加者は千ポンドを供託し、四人乗りの車で千二百マイルのトラックレースを行なう、というものであった。だが、この競技会は実用性を競うためのものであるから、スピードは審査の一要素にすぎず、実用性の観点からレース前に三十一項目にわたる審査を行ない、総合的に順位を決定するとされていた。列挙されている三十一の審査項目は、その後に掲載された他の人の投稿によっても指摘されているが、内容の重複が見られる冗長なもので、かいつまんでまとめると、定員上限乗車時の速度、登坂性能、悪路走破性、操作性、コーナーリング性能、積載可能量、車重の軽さ、車幅及び車高の小ささ、安定性、パーツの少なさ、低コスト、発進までの時間、ブレーキング性能、低騒音、におい及び振動の少なさなどを競うものとなっていた。

レースの着順のみで順位を決定するわけではないという点については、ペニントン独自の発想というわけではなく、むしろ、それまでのレースではそれが一般的であった。たとえば、一八九四年七月にパリ～ルーアンで開催された初めての自動車レースでは、もっとも早くゴールにたどり着いたド・ディオン・ブートン社製の蒸気自動車は、操作が複雑であったという理由で二位とされ、二番目にゴールしたプジョー社製のガソリン車に一位が与えられた。また、一八九五年六月に行なわれたパリ～ボルドー往復レースにおいても、速さでは四番目であったプジョー社製の車に一位が与えられていた[9]。

とはいえ、ここまで詳細にその審査項目を提示し、その内容が作りの簡素さや車体のコンパクトさといった、直接的には実用性から離れた領域にまで及んでいるという点では、独自のものであった。

高額の参加費を徴収することも他のレースでは見られない条件であり、当然ながらこれについてはとくに多くの批判を受けた。各種の批判に対する弁明の中で、ペニントンは高額な参加費の説明に多くをさき、運営にその程度の金が必要であり、またこれは自動車の普及に対する一種のチャリティーであるといったことを反論の中心に据えていた。また、実用性を重んじているにも関わらず、ロードレースではなくトラックレースを開催することの理由を述べる際にも、長距離のロードレースを実施することの困難さを挙げるとともに、観客の存在が必要であるということを大きな理由として挙げていた(10)。

彼自身は語っていないが、他国で既に行なわれていた自動車によるロードレースは主として新聞社によって主催されており、資金力、運営能力そして社会的信用といった各種能力をともなわずにロードレースを開催しようとすることは、この競技会の実現可能性をさらに低めることとなった。第三章で述べたように、イギリスでは自転車ロードレースの開催すら困難な状況であったことも、考え合わされるべき事実であろう。

三十一の審査項目に関しては、冗長であるだけでなく、ペニントンの自動車に有利な内容となっていることへの批判もあったが、これにはあまり熱心な反論はなされなかった。これら一連の議論の中のうち、軽量、小型、構造の単純さに関する項目に関しては、その後、モーターサイクルとモーターカーとの区別に関する議論へと発展していく(11)。

この「挑戦」が出された頃には、エンジンが発する振動の大きさには注意がむけられていたものの、乗車時の快適性については語られていなかった。しかし、一八九七年の三月以降になると、ボレ社やペニントンの三輪自動車のように、乗員が全身外気に直接さらされ、エンジンが剥き出しで、自転車のサドルのようなものに座る形式のものと、馬車のような車体を持ち、クッションの効いたベンチ式の座席に座ることのできるようなものとを同列に扱ってよいものであろうか、という疑問が提示されるようになった。

この競技会は結局のところ実現に向けて動き出さなかったし、その後も彼や他の人によって提言された、自動車の性能を競って参加者同士が直接金をやりとりする賭けレースの類を、ペニントンと彼の自動車が走ることはなかった。しかし、衆目を集めた一大イベント、一八九六年十一月十四日に開催された赤旗法廃止を記念するロンドン・ブライトン・ライド（London-Brighton ride　以下ブライトン・ライドと表記する）には、彼も出走することとなった。

## ブライトン・ライド

赤旗法が撤廃された一八九六年の十一月十四日を発行日とする『オートカー』誌は、そのことを祝して、通常号の二倍の頁数を持ち、全頁が赤い文字で印刷された特別号（Special Red Letter Day Number）となった。そしてその当日には、モーター・カー・クラブの主催によって、ロンドン～ブライトン間（八十三キロメートル）を走破する走行会、ブライトン・ライドが開催された。この走行会の模様を報じている同誌翌週号（十一月二十一日号）によると、エントリーしていた五十八台のうち、当日参加したのは三十三台であり、ペニントンは彼の四人乗り三輪自動車を自ら駆ってそこに名を連ねていた。

その三十三台の内訳を見ていくと、もっとも多いのは十三台を数えるダイムラーエンジン搭載車（内二台はパナール・ルバソール社製）で、H・J・ローソンやF・R・シムズといったモーター・カー・クラブの主要なメンバーはこれらに分乗して参加していた。次に目立つのは五台参加していたボレ社の二人乗り三輪モーターサイクルで、その内一台は出発時のトラブルで出走できなかったが、開発者のレオン・ボレが操縦した別の一台は、他を大きく引き離して一位でゴールした。また、ボレとも親交の深かったH・O・ダンカン[12]もボレ車を操縦して参加していた。イギリス国内で製作されたものは、ド・ディオン・ブートンが開発したガソリンエンジン使用のニュー・ビーストン社製が一台あったのみで[13]、他はすべてフランス、ドイツ、アメリカで製作されたものであった。

ガソリンエンジン駆動でないものとしては、電気自動車が五台、蒸気二輪車が一台参加していた。前年のパリ〜ボルドー往復レースでガソリン車が圧倒的な力を見せ付けて以降、蒸気自動車は時代遅れと目されるようになっており、この走行会の参加車リストからもその様子が覗える。電気自動車は、この走行会でも、バッテリーの容量不足とともに、その出力の弱さを露呈することとなった。

このイベントはロンドン近郊では多くの見物人を集め、スタート地点のメトロポール・ホテルからウェストミンスター橋を渡り、ブリクストンに至るあたりまでは参加車が列を成してパレード走行を行なった。その後、ブリクストンの丘から各車の速度に差がつき、脱落する者もでてきた[14]。その後の道中では人々の目が十分に行き届かなかったこともあり、不正行為もあったようである。

『オートカー』誌の十一月二十一日号では十三台が完走したとされ、一位のボレ車が二時間二十五分で完走し、二位も二時間五十五分で完走したボレ車、三位は三時間四十六分のアメリカのデュリエ車で、さらに一時間以上遅れてパナール車などが続いたことになっている。しかし、その後各車に対して不正疑惑がかけられ、議論と調査を経て、最終的な公式記録として、十台についてタイムが記録されている。それによると、一位のボレ車が三時間四十四分、二位のボレ車が四時間ちょうど、三位はパナール車で五時間一分、四位以降にはさらに一時間以上遅れて他車が続いている。(15) その十台の中には、十一月二十一日号の記事ではブリクストンでリタイアしたと書かれた、二台の電気自動車とペニントンの三輪自動車が含まれていた。

十一月二十一日号のレポートでは、ペニントンの車は群集にさえぎられ、スタート地点に時間通りに到達できなかったが、速やかに他車に追いつき、序盤は上位を争っていたものの、ブリクストンを過ぎたあたりで駆動輪のタイヤ不良で走行不能となり、列車でブライトンへ向かった、と書かれている。それが後に覆されるに至った経緯に関しては、残念ながらその詳細について語られた資料を見つけることができておらず、彼が実際に完走したのかどうか、あるいは完走していなかったのならば、どのようにして結果が捻じ曲げられたのかについてここで検証することはできない。

ただ、このような事実認定の困難を示す一つの出来事について検討していきたい。それは、大勢の目撃者がいたはずのロンドン近郊におけるペニントンの車の走りについて、目撃証言に食い違いが生じている、という事態についてである。

その食い違いを伴う議論は、十一月十四日号の『オートカー』誌に掲載された、ブライトン・ライドの数日前に行なわれたとされる、ボレの三輪車とペニントンの三輪車との綱引き勝負に関する記事への反響とあい混じる形で展開されていく。

## 綱引き対決と目撃証言の食い違い

十一月十四日号に掲載されたその記事は、コヴェントリのクリケット場兼自転車競技場（the Coventry Cricket Club Ground and Bicycle Track）の管理人であるベンジャミン・オールドフィールドという人物が目撃談を投稿した、とされているものである。

彼が見たのは、二台の機械が互いに後部をロープでゆわえ、反対向きに引っ張り合う情景で、二回行なわれ二回とも片方が勝った、というものである。この試合に興味を惹かれた彼が、周囲にいた人に訊いたところによると、勝ったほうがペニントンの車、もう片方はボレの車であり、前者は二馬力、後者は二・二五馬力の出力を持ち、どちらも時速八マイル相当のギアを使用している、とのことだった。

次号ではこれを受けて、四人乗り用のペニントン車が二人乗り用のボレ車を綱引きで打ち負かすことはそれほど驚くべき出来事ではないとした上で、ブライトン・ライドでの両車の走行能力の差を描写した投稿が掲載された。

それによれば、ペニントン車は（定員四人の車に）二人しか乗ってないにもかかわらず、ブリクストン・ヒルを非常にゆっくりと登り、ストリータム（Streatham）[16]への並木道をまずまずの速さ（at a fair pace）で下っていった。それに対して、二十分ほど後にやってきた二台のボレ車は、先のペニントン車の倍近い速度で坂を登り、時速にして二〜四マイルほど速い速度で下り、ものすごい速さ（at a tremendous pace）で走り去っていったという。また、ペニントン車は他の車よりも先にスタートしていた、という伝聞も紹介されている。

この投稿に対しては、珍しく[17]編者による長めのコメントがつけられた。それによれば、ペニントン車は他の車より後に出発し、クロイドン[18]でタイヤがバーストしたが、その時点では次車に十分半の差をつけて首位を走っていたという。また、そのバーストについても、間違いなくパンクではなくバーストであり、彼の発明品である「パンクしないタイヤ」自体は、釘が刺さってもパンクしないタイヤであった、とわざわざ付け足してあった。

さらにその次号には、この話題に関する投稿が四つ掲載された。その内の三つがブライトン・ライドにおける目撃談であり、一つ目では、ペニントン車は平地を走るのと変わらない速度で坂を登り、自転車で追走していた人々は、それについていくのが非常に大変そうだったが、ボレ車は速度を緩めて登っていったと書かれている。

二つ目は、ストリータムの少し南のノーベリー（Norbury）に屋敷を構えるエレン・ベンダルという人物によるもので、彼によると、当日は十一時半頃に先頭車が屋敷の前に差し掛かり、人々の大きな歓声でもって迎えられたのだが、その車は屋敷の門のところで止まり、よく見ると後輪がバーストしていた。乗車していた紳士の申し出をうけ、群集をかきわけてその車を庭に入れさせたのだが、その紳士は誌上で問題となっているペニントンその人であり、また後続の車は少なくとも十分間はやってこなかったとある。

三つ目は他の大勢のサイクリスト達とともに自動車を追走した人によるもので、先の二つの投稿の内容を裏付けるものとなっている。またそこでは、ウェストミンスター橋に先頭車がやってきたのは十時三十五分頃であったとされており、ノーベリーへ到達した時刻とそれが両方正しいとすれば、先頭車ですらその十キロメートル程の区間を一時間弱かけて走ったことになる。もっとも、ウェストミンスター橋を渡って二キロメートルほど先のブリクストンあたりまで、低速でパレード走行していたという事実を考え合わせると、これも妥当な所要時間ではあった。

残りの一つは、『鉄と産業（*Industries and Iron*）』という雑誌に掲載された記事[19]を引用しつつ、ペニントン車の性能について技術的観点から疑問を投げかけているもので、綱引きに勝利したというその車が、先日のブライトン・ライドでは衆目の中で性能を発揮できなかったことの理由について、エンジン冷却性能の不十分さを第一に挙げている。また、ペニントンは自身のエンジンについて、どんな油でも、具体的にはバラ油やロウを溶かしたものを用いてもその高性能を発揮できる、と主張しているのだが、件の綱引き及び走行会の際にはベンジン燃料（benzoline）のようなヘビー・オイル（heavy oils of petroleum）、すなわち、イギリスで一般に市販されていた照明用の油とは異なる、より比重の高い油[20]が使われたのであろうと推察している。さらに、パンクしないと喧伝されてきたタイヤがパンクしたことについても苦言を呈している。

この投稿に対してもまた、編者によってペニントンを擁護する長めのコメントがつけられており、そこでは燃料の件に関して、少なくともブライトン・ライドの時には、フランスやアメリカで使用されているような燃料油（petrol）ではなく、イギリスで通常用いられている灯油（domestic petroleum）が使われていたことが匂いからあきらかであったと主張されている。

他にもペニントンに有利な目撃談が一、二掲載されており、それらの記述をそのまま受け取るならば、ブライトン・ライドでのペニントン車の走りに関しては、最初に取り上げられた目撃談が間違っていたように見受けられる。すべての投稿には実名もしくは匿名の記名があるのだが[21]、最初の目撃談の投稿のみ匿名であり、他は実名であることからも、それは補強される。

しかし、編者のコメントからもわかるように、『オートカー』誌は非常にペニントン寄りであり、彼に対して不利なコメントが他に寄せられていた可能性は十分に考えられる。掲載された目撃談の内容に関しても、真偽は留保されるべきかもしれない。

その後の誌上では、ペニントン自身のコメントや、ボレの談話を紹介するH・O・ダンカンの投稿などが幾度か掲載され、さらに議論が白熱していく。また、『オートカー』誌主催で、両車による綱引きの再検証も行なわれた。

## ペニントンの凋落

同年の十二月二十六日号に掲載されたH・O・ダンカンの投稿では、約一頁にわたってペニントンへの反論と挑戦が展開されている。ブライトン・ライドで圧倒的な性能を見せ付けたボレ車に対して、ペニントンはそれが雨天に助けられたもので、ボレ車はエンジン冷却装置に難があり、オーバーヒートをおこしやすいものであると主張していたのだが、ダンカンはまずそれを真っ向から否定する。「ボレの水冷機構を備えたエンジンの性能と耐久性はパリ〜マルセイユのレースなどにおいても証明されており、長距離を走行した実績がないペニントン車とは比較にならない。冷却性能に問題があるのは、まともな冷却装置をもたないペニントンの車のほうではないか」と述べ、件の綱引きについても、「それが公平な条件で行なわれた結果であるとはとても信じられない」と主張している。

そして、ボレ自身が語っていたこととして、五百ポンドを賭けた両車でのレースを提案している。具体的には、「ブライトン・ライドの時と同じコースを走るのでもいいし、来月二十九日に行なわれるパリ〜ニースのレースでもかまわない。どのような条件においてもボレ車が勝つであろう」というものであった。

次号にはその投稿に対するペニントンの反論が掲載される。それは挑発的であるだけで、説得力をともなっているとは言えないものであった。彼はまず、ボレ車は悪臭騒音を発するので一緒に走りたくないと述べて、ボレによる挑戦を退ける。そして、誰のものともわからない伝聞の体験談をあげ、「ボレの車はレース用のものは高性能かもしれないが、市販車は斜度二パーセントの坂すら登れない、すぐにオーバーヒートしてしまうような劣悪なものである」などと、散々にこきおろし、続けて、「両方の車を持っている者は皆ペニントンの車のほうが優れていると言っており、それを認めないのは私の車を買うお金がないような人たちだけである」とも述べている。

さらにその次号にはペニントンを擁護する投稿と非難する投稿がそれぞれ掲載された。擁護の投稿は、ペニントンが事務所を構えていたモーター・ミルズに試乗に行ったことがあるという人によるもので、それはペニントンの車が一マイルを二十五秒で走ったという、にわかには信じ難い内容を含むものであった。非難している投稿は、一つはダンカンによるもので、それまでの論を引き継いで、ボレの車の優秀さを説明し、ペニントンとその車の欠陥を指摘している。そしてその証明となる事実として、「ペニントンの車は広告があるのみで、アメリカにおいてもイギリスにおいても一台たりとも高性能な実車が販売されたとは聞いたこともないが、フランスにおいては既に何百台ものボレ車が走っており、今も日々売れ続けている」と述べ、イギリスにおいてもすぐに同様の光景がみられるようになるであろうと続けている。ペニントンに

対して批判的なもう一つの投稿も説得力がある内容であった。(22)

しかしこの号には同時に、ペニントン車とボレ車の綱引き勝負を再現する再検証記事が掲載され、そこでは公正な条件の下で以前と同様にペニントン車が勝利したことが詳述されている。そしてさらにペニントン車に対しいくつかのテストを課して、その車が広告とたがわぬ性能を持っていることを証明してみせていた。その記事では、ペニントン車は、大人四人を乗せて勾配率十パーセント強の坂を楽々と登り、さらに途中停止と再発進すら容易であったとされ、大人四人と子供四人の八人を乗せて時速五～六マイルで走ることができた、と書かれていた。

次号にはその結果を認めないとするダンカンが、自分たちの手による再々検証を主張した投稿が載るが、その後の誌上ではこの綱引きのことは取り上げられなくなってしまった。

続く数号では、ペニントンの車が快調に走行するのを街で見かけたという内容の投稿と、彼の車の技術的欠点を指摘したものとが、それぞれ散見され、一八九七年の二月二十日号に載ったペニントンによるデュリエへの挑戦が、次号でデュリエのほうから拒絶されることにより不調に終わって以降、ペニントンの名は誌上から急に姿を消してしまう。その時期にペニントンはイギリスを一旦離れていたようではあるが、それにしても不自然で不可解にみえる。

そののち彼は、フランスで売り込みをおこなったり、アイルランドに生産工場を構える計画を発表したりするが、どちらもうまくいかず、一八九七年の年末にはモーター・ミルズの一階から追い出されることとなる。

次に彼の名をイギリスの人々が目にするようになるのは、一八九八年十一月のことであった。彼は新たに開発した「筏（Raft）」という愛称で呼ばれる四輪車「ヴィクトリア」（図7-2）をナショナル・ショウにて発表した。この車はその優雅な外観と、九十五ギニー（約四百万円）という破格の値段[23]で人気を集め、短期間の内に四百台ほどの注文を得るが、これについても実車が販売されることはなかった。この二回目の事件でペニントンは完全に信用を失い、その後イギリスではまともに相手にされることはなかった。

　収支としてはどうだったのかわからないが、ペニントンのイギリスでの事業は失敗に終わったといえよう。しかし彼はその後再びアメリカで事業を起こし、また新たな成功を収めることとなる。死亡時には『ニューヨーク・タイムズ』紙に長文の死亡記事が掲載されている[24]。

図 7-2
ペニントンの四輪自動車「ヴィクトリア」（1898 年）

## ペニントンの三輪自動車

ペニントンの四人乗り三輪自動車(図7-3)とはどのような乗り物であったのか、ここで紹介しておく。そして簡単にではあるが、その技術的側面についても触れる。

まず、図7-3を一見してわかるように、その構造は非常に簡素である。馬車と同様の車体を持つ四輪の自動車とは同列に語るまでもないが、後ろに一輪の駆動輪を持ち、前二輪を操舵するという基本構造を共有しているボレの三輪車(図7-4)と比べても、特異な形状であると言える。四人乗りということを除けば、これ以前にペニントン自身も開発を手がけていた、自転車にエンジンを搭載した類の乗り物に近い。

しかし、この互い違いに横向きに座ることにより縦列に四人乗車するという形態は、一八八〇年代から九〇年代前半にかけてさまざまな形状のものが製作された三輪、四輪の自転車の中にも見ることができない、非常に独自性が高いものであり、少なくともその点においては高く評価されるべきものであろう。他に同様のものが後にも先にもほぼ存在しないのは、このような乗車形態が快適性や安全性において大きく劣っているという理由によるのかもしれない。しかし、ペニントンの車に関して言えば、少なくともその設計意図においては、走行安定性が十分に確保できていたからこそ、このような形態をとることができた、ということも言えるのではないだろうか。

また、この車の外観的特徴における一つの特筆すべき点は、車輪が小さくタイヤが厚いことである。このタイヤは彼によって発明されたパンクしないタイヤであり、厚くて頑丈な外皮でもって内部の空気入りチューブが保護されていたようである。この二、三年後には、これと同様な形状のホイールとタイヤが他の車においても見られ

図 7-3
ペニントンの四人乗り三輪自動車（1896 年）

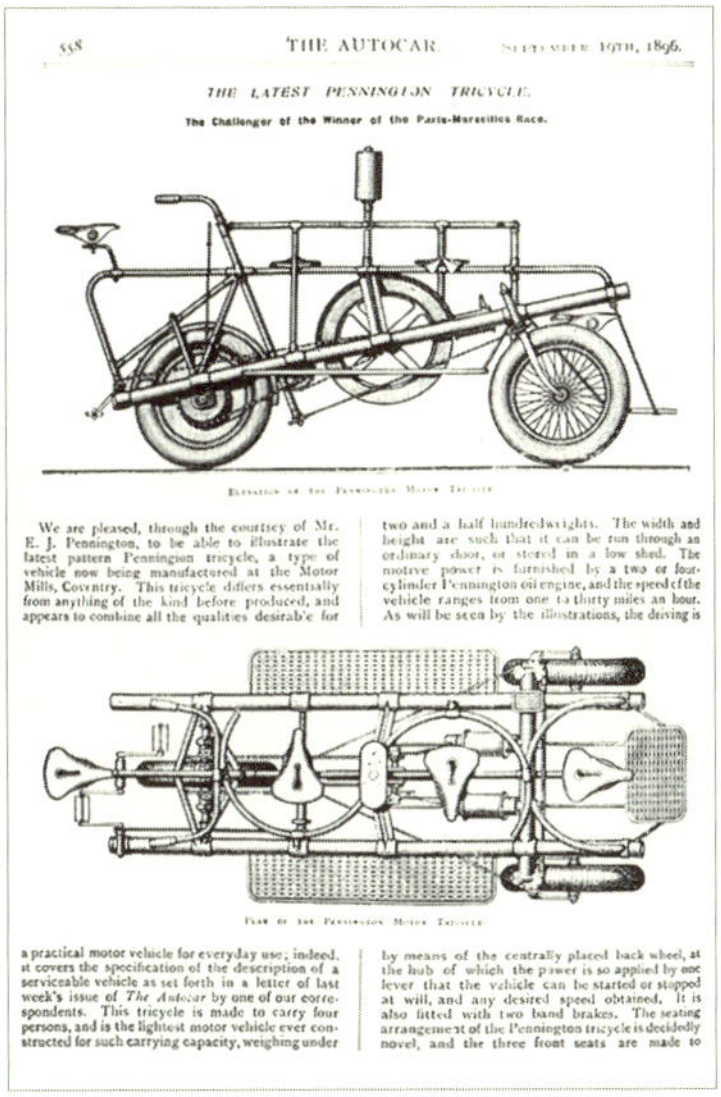

558 THE AUTOCAR. SEPTEMBER 19TH, 1896.

*THE LATEST PENNINGTON TRICYCLE.*

**The Challenger of the Winner of the Paris-Marseilles Race.**

Elevation of the Pennington Motor Tricycle.

We are pleased, through the courtesy of Mr. E. J. Pennington, to be able to illustrate the latest pattern Pennington tricycle, a type of vehicle now being manufactured at the Motor Mills, Coventry. This tricycle differs essentially from anything of the kind before produced, and appears to combine all the qualities desirable for two and a half hundredweights. The width and height are such that it can be run through an ordinary door, or stored in a low shed. The motive power is furnished by a two or four-cylinder Pennington oil engine, and the speed of the vehicle ranges from one to thirty miles an hour. As will be seen by the illustrations, the driving is

Plan of the Pennington Motor Tricycle.

a practical motor vehicle for everyday use; indeed, it covers the specification of the description of a serviceable vehicle as set forth in a letter of last week's issue of *The Autocar* by one of our correspondents. This tricycle is made to carry four persons, and is the lightest motor vehicle ever constructed for such carrying capacity, weighing under by means of the centrally placed back wheel, at the hub of which the power is so applied by one lever that the vehicle can be started or stopped at will, and any desired speed obtained. It is also fitted with two band brakes. The seating arrangement of the Pennington tricycle is decidedly novel, and the three front seats are made to

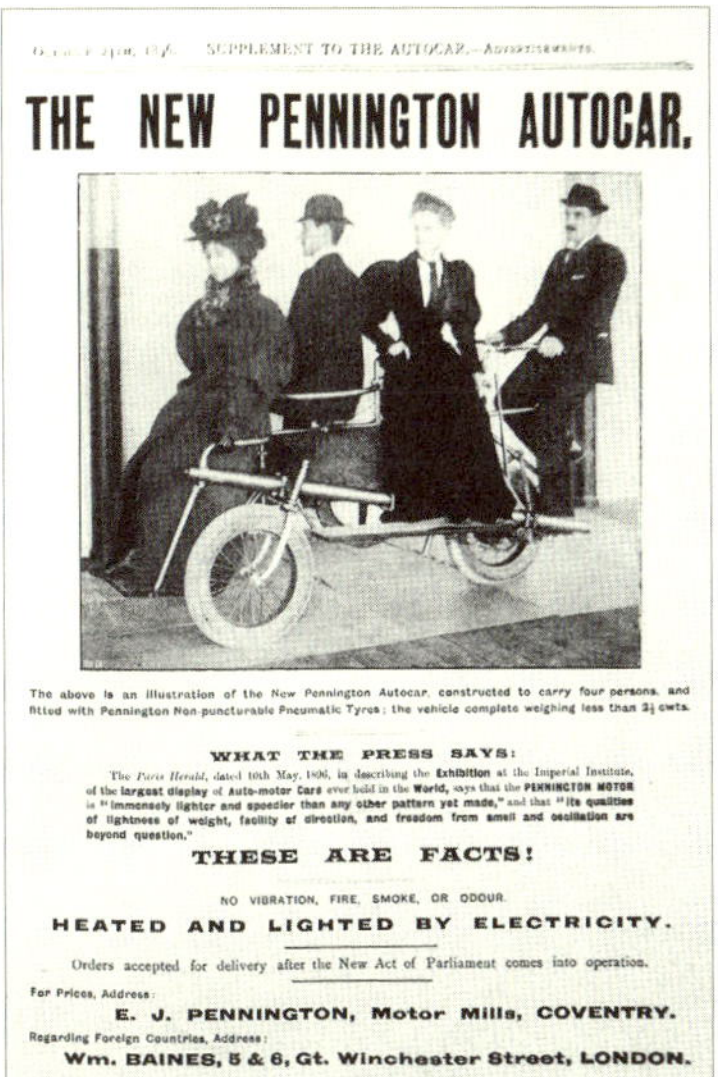

SUPPLEMENT TO THE AUTOCAR.—ADVERTISEMENTS.

# THE NEW PENNINGTON AUTOCAR.

The above is an illustration of the New Pennington Autocar, constructed to carry four persons, and fitted with Pennington Non-puncturable Pneumatic Tyres; the vehicle complete weighing less than 2¼ cwts.

**WHAT THE PRESS SAYS:**

The *Paris Herald*, dated 10th May, 1896, in describing the **Exhibition** at the Imperial Institute, of the **largest display** of **Auto-motor Cars** ever held in the **World**, says that the **PENNINGTON MOTOR** is **"immensely lighter and speedier than any other pattern yet made,"** and that **"its qualities of lightness of weight, facility of direction, and freedom from smell and oscillation are beyond question."**

**THESE ARE FACTS!**

NO VIBRATION, FIRE, SMOKE, OR ODOUR.

**HEATED AND LIGHTED BY ELECTRICITY.**

Orders accepted for delivery after the New Act of Parliament comes into operation.

For Prices, Address:

**E. J. PENNINGTON, Motor Mills, COVENTRY.**

Regarding Foreign Countries, Address:

**Wm. BAINES, 5 & 6, Gt. Winchester Street, LONDON.**

図 7-4
ボレ社の三輪自動車（1896 年）

るようになるが、これも当時としては新奇な形状であった。当時の自動車では、馬車もしくは自転車のホイール及びタイヤとそれほど変わらない、細い車輪が使用されていた。

ペニントンの三輪自動車は、その強度や耐久性が十分であったかどうかについては疑問の余地が大いにあるが、この車体が持つ、軽量、低重心、接地性能の高さといった要素は、彼が車に付与しようとしていた高速性と操舵性の高さを実現するにあたり、理にかなったものであったように見受けられる。

エンジンに目をむけると、初期の内燃機関に課されていた主要な課題として、騒音及び振動の低減、廃熱の処理、そして使用燃料の質的量的確保などが存在していたが、ペニントンのエンジンはそのすべてを一気に解決したものであると主張されていた。その中核をなすのが彼の発明したエンジンの点火機構（long-mingling spark ignition system）で、これにより、キャブレターを介する必要なく、燃料を液体のままシリンダー内へ送り込み、そこで電気的に熱されているワイヤーによって気化し燃焼させることが可能であったとされている。この点火機構については、安定的に作動したかどうか疑わしく[25]、当時の『オートカー』誌上においても、電気技師であるという者の投稿の中で、「シリンダー内の金属板を電気で熱して気化させるなどということをやるくらいだったら、その電力で直接車を動かしたほうが効率的なのではないか」という妥当な指摘もなされている[26]。また、ペニントンも、前節の最後で取り上げた「ヴィクトリア」にはこのエンジンではなく、一般的な形状に近い、水冷式のものを採用している。そのことからも、このシステムが実用的なレベルで動作し、十分な出力を得ることができたとは考え難いが、彼の三輪自動車が少なくとも短時間は走行可能であったことは事実である可能性が高く、そこにどのようなからくりが存在していたのかは、まったく謎につつまれている。彼が開発した技術を真摯に改良していたならば、より大きな成功を収めることができたのかもしれない。

本章の冒頭でも述べたように、現実にはペニントンが主張していた性能を彼の車に持たせることができていなかったとしても、その意図したところがどのようなものであったかについて検討することは、十分意味のあることであろう。

彼が提示した、軽快で高速で、それでいて騒音も悪臭も少なく、操縦性に優れ、より多くの人を乗せることができ、悪天候でも走行可能で、登坂性能にも優れている、というような車は、当時の人々が望む要素を、技術的に実現可能な範囲を超えてまで盛り込んだものであった。そして、新しく登場したこのような乗り物を求める人々の間で、乗車時の快適さや安楽さといった要素が二の次とされ、速さや軽快さこそが第一に求められていたのも確かであろう。事実、その後、十九世紀末前後のイギリスでは、四輪自動車以上にボレ・タイプのモーターサイクルが好評を博していったのである。

## 自転車から自動車へ

自動車産業がまだ創成期にも至っていなかったといってもよい十九世紀末頃のイギリスにおいて、本章で取り上げたペニントンやボレの自動車に代表される、モーターサイクルタイプの軽快な三輪自動車がもてはやされた理由として、これまでの研究では、その技術の未熟さと道路の貧弱さに言及されることが多かった。しかし、本書で述べてきたように、その底流には、オーディナリ型二輪車から三輪車そしてセーフティ型自転車へと移り変わっていった、イギリス独自の自転車文化の流れが存在していた。それは単純に三輪の乗り物という共通項をもつ故の親しみ深さ、といったものにとどまらない、大きな意味を持つものであった。

他の国では、高額な自動車を購入するような人々にとって、こうしたモーターサイクルタイプの三輪車は、馬車タイプの車体をもった自動車と比べれば粗野で危なっかしい乗り物と見られていたことであろう。しかし、一八七〇年代から八〇年代にかけて、他国より長い期間、より粗野な乗り物であったオーディナリ型自転車が各地を多数走り回り、一八八〇年代には「上品な」乗り物として位置づけられていた三輪車が上流階級の人々にまで乗られるようになっていたイギリスでは、往時の人力三輪車よりも小さなタイヤを持った三輪自動車が、一八八〇年代の三輪車と同程度以上の、安全感と高級感を持つ乗り物となりえた。ペニントンの三輪自動車に採用されていた自転車のサドルも、当時のイギリスの人々にとっては、それほど高級感を損なうものではなかったであろう。

ペニントンの三輪自動車は、一八八〇年代の三輪車では安全性や二人乗車といった利点と引き換えに損なわれていた速さや軽快性といった要素を、二輪の自転車以上に併せ持ち、なおかつ二人にとどまらずさらに多くの人が乗車できるという、これまでの自転車がたどった進化をなぞりつつ超えゆく乗り物と、当時の人々の目には映ったのではないだろうか。

一八九〇年代半ば以前の時代をペニントンはアメリカで過ごしており、そうしたイギリスに固有の感覚を直接共有していたわけではない。彼が三輪自動車の次に世に問うた自動車「ヴィクトリア」が、奇抜な形態をしているとはいえ、モーターサイクル的でない四輪の自動車だったことから考えても、彼の三輪自動車は、偶然の産物に近いものだったのかもしれない。しかし、稀代の詐欺師として、他の誰よりも自動車に求められていたものをよく把握していたであろう彼が提示したのが、あの三輪自動車であり、そこには、オーディナリ型自転車の時代を経験したイギリスの人々の感覚が織り込まれていた。人々に自転車と自動車の近接性を喚起させることともなったペニントンの三輪自動車は、その後のイギリスにおけるモーターサイクルの隆盛にも、看過しえない影響を与えたのではないだろうか。

# 図版一覧

図0−1　Bottomley, Joseph Firth. 1869. *The velocipede: its past, its present, and its future*, Fig. 3.

図0−2　http://commons.wikimedia.org/wiki/File:Lallement-bicycle-patent-1866.gif（二〇一五年一月十五日確認）

図0−3　Griffin, H. H., & L. C. Davidson. 1890. *Cycles and cycling*, p. 31.

図0−4　Griffin, H. H., 1881. *Bicycles and tricycles of the year 1881*, p. 84.

図0−5　Griffin, H. H., 1884. *Tricycles of the year, 1884.*（*Second series*）, p. 2.

図0−6　Sturmey, Henry. 1887. *The 'Indispensable' bicyclist's handbook, a complete cyclopaedia upon the subject of the bicycle and safety bicycle, and their construction, 6th ed.*, p. 327.

図0−7　*Ibid.*, p. 290

図0−8　*Ibid.*, p. 303

図2−1　Muir, Andrew. c1869. *The Velocipede ; How to learn and how to use it, with illustration, prices &c.*

図2−2　Velox. 1869. *Velocipedes bicycles and tricycles : How to make and how to use them. With a sketch of their history, invention and progress*, pp. 83, 85.

図2−3　Salamon, N. 1874. *Bicycling 〜 1874 〜 : a textbook for early riders*, pp. 6-9.

図2−4　Nairn, C. W., & C. J. Fox. 1879. *The Bicycle Annual for 1879*.

図2−5　*The Bicycling Times and Tourist Gazette*, 1877 Jun. 14.

図2−6　Nairn, C. W., & C. J. Fox. 1879. *The Bicycle Annual for 1879*, p. 208.

図2−7　Sturmey, Henry. 1887. *The 'Indispensable' bicyclist's handbook, a complete cyclopaedia upon the subject of the bicycle and safety bicycle, and their construction, 6th ed.*, pp. 120, 211.

図３－１　Simon Inglis. 1996. *Football Grounds of Britain*, p. 406.

図３－２　Griffin, H. H. 1884. *Bicycles of the year, 1884*, pp. 2, 16, 28.

図３－３　*The Autocar*, No. 57 （1896 Nov. 28）

図４－１　①②Salamon, N. 1874. *Bicycling 1874 : a textbook for early riders*, pp. 8, 10; ③～⑥ Roberts, Derek. 1980. *The Years of the high bicycle : a compilation of catalogues.*

図４－２　Griffin, H. H. 1884. *Bicycles of the year, 1884*, pp. 57, 65.

図４－３　Griffin, H. H. 1889. *Bicycles and tricycles of the year 1889*, pp. 19, 28.

図５－１　*The Graphic*, 1873 Jul. 19.

図５－２　Mogg, Edward. 1826. *Paterson's roads : being an entirely original and accurate description of all the direct principle cross roads in England and Wales, with part of the roads of Scotland. 18th ed.*, p. 1.

図５－３　Black, Adam and Charles. 1868. *Black's guide to England and Wales : containing plans of all the principal cities, charts, maps, and views, and a list of hotels*, p. 1.

図５－４　Spencer, Charles. 1881. *The bicycle road book : compiled for the use of bicyclists and pedestrians : being a complete guide to the roads and cross roads of England, Scotland, and Wales : giving the best hotels, population of the towns, &c. New and revised ed.*, p. 108.

図５－５　Howard, Charles. 1884. *The Roads of England and Wales, Fourth edition*, p. 6.

図５－６　*Ibid.*, advertisement.

図５－７　Inglis, Harry R. G. 1898. *The Contour road book of England: South-East division*, pp. 361-362.

図５－８　Pennell, J, & E. R. Pennell. 1885. *A Canterbury pilgrimage, ridden, written and illustrated by Joseph and Elizabeth Robins Pennell*, pp. 12, 25, 47, 58, 59.

図５－９　Griffin, H. H. 1884. *Tricycles of the year, 1884* （*Second series*）, p. 132.

図５－10　Griffin, H. H. 1885. *Tricycles of the year, 1885*, p. 123.

図５－11　Stevens, Thomas. 1888. *Around the world on a bicycle Vol. 2 , from Teheran to Yokohama*, p. 468.

図５－12　*Ibid.*, p. 440.

図６－１　Bottomley, Joseph Firth. 1869. *The velocipede: its past, its present, and its future*, Fig. 4, 5.

図６－２　Griffin, H. H., & L. C. Davidson. 1890. *Cycles and cycling*, p. 48.

図６－３　Griffin, H. H. 1880. *Bicycles of the year, 1879-80*, p. 98.

図6－4　Griffin, H. H. 1886. *Bicycles & tricycles of the year 1886*, p. 57.
図6－5　Griffin, H. H. 1884. *Tricycles of the year, 1884*（*Second Series*）, pp. 19, 54.
図6－6　*Ibid.*, pp. 73-74.
図7－1　Duncan, H. O. 1926. *The World on Wheels*, p. 688.
図7－2　*Ibid.*, p. 789; *The Autocar*, No. 164（1898 Dec. 17）
図7－3　*The Autocar*, No. 47（1896 Sep. 19）; No. 52（1896 Oct. 24）
図7－4　*The Autocar*, No. 28（1896 May 9）

# 注

## 序章

（1）ドライジーネ（draisine）は、多少の改良を経ながら一八一〇年代末から一八二〇年代にかけてフランスやイギリスへとひろまり、いくつかの異名を持つに到った。イギリスでは、当時は主としてダンディー・ホースもしくはホビー・ホースという名で呼ばれた。

（2）当初は前輪が小さいことを強調して、安全小輪車（dwarf safety bicycle）と呼ばれていた。

（3）Griffin（1889）, p. 1.

（4）ローバー（Rover）という名のセーフティ型自転車は、スターレー・アンド・サットン社（Starley & Sutton Co.）によって一八八五年に最初に製作、販売された。この製品は、その後の自転車に大きな影響を与え、前輪と後輪が同じ大きさで後輪をチェーンで駆動する自転車の代名詞ともなった。同社はジョン・ケンプ・スターレーとウィリアム・サットン（John Kemp Starley & William Sutton）が一八八三年に創業し、一八九〇年代後半にローバー社（Rover Cycle Company Ltd.）となった。ジョンは、一八七七年に三輪車に初めてチェーン駆動を採用したジェームズ・スターレー（James Starley）の甥にあたり、同社を創業する以前はジェームズの下で働いていた。

## 第一章

（1）Herlihy（2004）, pp. 187, 188; *The Times*, 1877 May 28; 1878 Jul. 24.

（2）*The Times*, 1884 Jun. 18. 英連合王国内のサイクリスト（"cyclists" in the kingdom）の数として述べられたもので、ブリテン島外も含めての人数である。またこの数字には、二輪車のみならず三輪車の愛好者も含まれている。

（3）*The Boy's Own Paper*, 1885 May 16.

（4）一八八五年頃のCTCによる推測。（Alderson（1972）, p. 55.）

（5）Lightwood（1928）の二七四頁に掲載の表より作成。

（6）Street（1979）など。

（7）アストン・スター・クラブ（Aston Star Club）とリヴァプール・ヴェロシペード・クラブ（Liverpool Velocipedo Club）。前者はバーミンガムで設立され活動していた。ともに自転車レースを主催していたために、記録に名前が残っている。一八六九年頃には自転車を表す語として、主にヴェロシペード（Velocipedo）が用いられていた。

（8）ピックウィック自転車クラブ（Pickwick Bicycle Club）ディケンズの小説『ピックウィック・ペーパーズ（*The Pickwick Papers*）』（一八三七年）にちなんで名付けられている。

（9）バドミントン叢書『サイクリング』の一八八七年版および一八八九年版の二五五頁において、現存する最古のクラブとしてこのクラブが挙げられており、この記述をソースとして、後の文献において、イギリス最古の自転車クラブという誤った記述が広まったと推測される。

（10）Salamon（1874）p. 74-75. ケンブリッジ、オックスフォードのものは大学のクラブ。

（11）*Wheelman's Year Book for 1882*; Street（1979）, p. 4.

（12）荒井政治（一九八八）、一一頁。

（13）*The Bicycle Annual for 1879*. この本の内容は、一八七八年末頃の状況を反映している。

（14）一八八三年にバイシクル・ユニオン（Bicycle Union）からナショナル・サイクリスト・ユニオン（National Cyclists' Union）へ改名。一八八一年には三輪車レースを統括するトライシクル・ユニオン（Tricycle Union）も設立されていく。

（15）Ritchie（1999）, p. 505. AAC主催の選手権大会は、一八七九年まで開催された。

（16）Spencer（1883）, p. 98.

（17）*The Times*, 1883 Jan. 30. 一八八三年のスタンリー・ショーについての記事。

（18）*The Badminton Library of Sports and Pastimes, Cycling*（1887, 1889, 1891, 1894, 1895）. 各版の内容の違いについては、拙論「バドミントン叢書『自転車』における改訂箇所についての考察」（『歴史文化社会論講座紀要』第九号、二〇一二年、一一七—一二八頁）に詳しい。

（19）Hillier（1887, 1889）, p. 255.

（20）*Ibid.*, p. 261.
（21）ただし、CTCとNCUに関しての章はそのまま残されている。
（22）この節で記載した書籍及び雑誌は、主として下記からの調査による。Spencer（1883）, pp. 131-152; Bartleet（1983）, pp. 147-156; The British Library Newspapers Catalogue: http://www.bl.uk/catalogues/newspapers/welcome.asp（二〇〇九年六月時点のデータを利用。現在は閲覧不可）。
（23）一つはA・ホワード（A. Howard）の『ザ・バイシクル　一八七四年版（*The Bicycle for 1874*）』で、これは一八七八年まで刊行された。もう一つはN・サラモン（N. Salamon）の『自転車総合ガイドブック（*Bicycling, its Rise and Development,"A Textbook for Riders"*）』で、これは一八七四年版と一八七六年版の存在が確認できる。
（24）Salamon（1874）
（25）『BTC月報（*B. T. C. Monthly Circular*）』、後の『CTCガゼット（*C. T. C. Gazette*）』。一八七九年から一八八一年にかけては別の月刊誌『サイクリング（*Cycling*）』がBTC機関誌であったが、これは機関誌でなくなったのちに廃刊となった。
（26）一九〇〇年には『バイシクリング・ニュース・アンド・モーター・カー・クロニクル（*Bicycling News and Motor Car Chronicle*）』と名前を変えており、自動車と自転車を合わせて扱う雑誌となっていった。他誌においても十九世紀に創刊され二十世紀以降まで続いているものは、同時期に同様の名称変更が行なわれているものが多い。
（27）*The Cyclist*（1879 ~ 1903）
（28）*Wheeling*（1884 ~ 1901）
（29）Nairn（1883）の二二五頁とSturmey（1883）巻末掲載の広告より。共に自称のため、正確な数字でない可能性もある。
（30）荒井政治（一九八九）、一七四頁。
（31）*Boy's Own Paper*（1879 ~ 1967）
（32）*Girl's Own Paper*（1880 ~ 1956）
（33）*Tit-Bits*（1881 ~ 1984）
（34）ここで挙げた発行部数はReed（1997）の八六―八七頁による。
（35）CTCが一八七九年から毎年ガイドブックを出版していた。独立したルートマップとして比較的初期のものとしては、Spencer（1881）などがある。

（36）Stevens（1887, 1888）

（37）一八七七年版および一八九〇年以降の書名は、二輪車のみを冠したもの（*Bicycles of the year*〜には1877のように各年が入る）であった。一八七九年から八二年および八六年から八九年は、二輪車と三輪車両方を冠しており（*Bicycles & Tricycles of the year* 〜）、一八八三年から八五年にかけては三輪車のみについての書籍（*Tricycles of the year* 〜）が、二輪車のものとは別に刊行されていた。一八八〇年代半ばには、年に二回発行された年もあった。

（38）*The Bazaar, Exchange, and Mart.*

（39）一八七九年には発行されておらず、翌年のものが1879-80と題された。

（40）ヘンリー・スターメー（Henry Sturmey, 1857〜1930）は、自転車および自動車関係のジャーナリスト、編集者としてだけではなく、スターメー・アーチャー（Sturmey-Archer）内装三段変速機の発明者としても著名。

（41）一八七八年に最初の版の *The "indispensable" bicyclist's handbook and guide to bicycling* が出版され、その後書名および出版社を変えつつ版を重ねていった。このシリーズのバリエーションとして、一八八一年から一八八四年には三輪車についての *The tricyclists' indispensable annual and handbook* が、一八八五年にはセーフティ型自転車についての *Sturmey's indispensable handbook to the safety bicycle* が出ている。さらに、*The Photographer's Indispensable Handbook*（1887）、*The "indispensable handbook" to the optical lantern*（1888）といった、写真（およびカメラ）や幻灯機（lantern）に関する書物もヘンリー・スターメーを編者として出版されていた。当時の自転車趣味と写真趣味の近接性をここにも見ることができる。

（42）*The Tricycling Journal*（1881〜1886）

（43）*The Tricyclist*（1882〜1885）*Bicycling News* に吸収される形で廃刊された。

（44）*Lady Cyclist*（1895〜1897）

（45）夫ジョセフ・ペンネル（Joseph Pennell, 1857〜1926）と、妻エリザベス・ペンネル（Elizabeth Robins Pennell, 1855〜1952）

（46）一八八〇年代の自転車旅行記においては、少なくとも半数程度のものが三輪車による旅を題材としている。

（47）Caunter（1972), p. 9. フランスのものが先で、南東部のグルノーブルで出版されている。アメリカのものはニューヨークで出版された。

（48）一八八三年に設立された、アメリカにおけるCTCに相当する団体の名が、ホイールマンを使用して命名された（The League of American Wheelmen）ことからもわかるように、サイクリストをホイールマンもしくはホイーラー（wheelman, wheeler）と呼ぶのは、たぶんにアメリカ的な表現だったようである。イギリスにおいても、それらの語は、バイシクリストやサイクリストなどの語とはいくぶん異なったニュアンスを含んだ語として用いられていた。クラブの名称としては、一八九〇年にマンチェスター・アスレティック・バイシクル・クラブ（Manchester Athletic Bicycle Club）から改名したマンチェスター・ホイーラーズ・クラブ（Manchester Wheelers' Club）や、一八九一年に設立されたウォルヴァーハンプトン・ホイーラーズ・クラブ（Wolverhampton Wheelers Cycling Club）などにみられる。

（49）そのころの会員数は一万一千人以上だった。（*The Times*, 1884 Feb. 6.）

（50）*The Times*, 1884 Jun. 18.

（51）表1－2は『タイムズ』紙の記事検索ヒット数から作成。Times Archive | Online Newspaper Archive of The Times from 1785-1985 において、二〇〇九年六月二十七日に確認した数値を使用。bicycle, tricycle の数値は記事全体（in entire article）からのヒット数、bicycling, cycling の数値は表題など（in title, citation, abstract）からのヒット数による。

（52）全テキストからの bicycle と tricycle の検索ではヒット数の約七割前後を広告が占めている。また、特に一八八〇年頃までの tricycle が含まれる記事では、motor tricycle や steam tricycle といった、動力を有する車両に関するものも散見され、すべてがここで取り扱うような三輪車に関するものではない。

（53）McGurn（1987）, pp. 45-46.

（54）一八六九年にコヴェントリ・ミシン社（Coventry Sewing Machine Co.）から改名して、コヴェントリ・マシニスト社となった。最初のオーディナリ型自転車である「エアリアル」を製作したジェームズ・スターレーとウィリアム・ヒルマン（William Hillman）は、一八七〇年に独立して会社を興すまで、同社でミシンの製作に携わっていた。

（55）Herlihy（2004）, p. 188; *The Times*, 1878 Jun. 24.

（56）Salamon（1874）, p. 6. 他の四社にはロンドンのスパロー社（Sparrow）、サービトンのキーン社（Keen）、メイデンヘッドのティンバーレイク社（Timberlake）、ノッティンガムのハンバー社（Humber）が挙げられている。

（57）Harrison（1969）, p. 287.

（58）Boulton（1988）

（59）*The Times*, 1877 May 28; 1878 Jul. 24. 後者の記事では、コヴェントリに十四社、全国で約百二十社あるとしている。また、Marshman（1971）によると、二輪車を商業的に生産していた会社の数を一八七四年で二十社、一八七九年で六十社と見積もっている。

（60）この書籍の前書きにおいて、彼は各メーカーの工場に直接出向いてその品質を確かめた、と述べている。

（61）購入を検討している者への貸し出しなのか、安価な購入手段としての一年や二年といった長期貸与のことなのかは不明。

（62）Harrison（1969）, p. 287.

（63）*The Times*, 1883 Jan. 30.

（64）*The Times*, 1884 Jun. 18.

（65）バーミンガムにはアストン（Aston）地区も含む。

（66）具体的には、ウォリックシャー（Warwickshire）、スタッフォードシャー（Staffordshire）、及びウスターシャー（Worcestershire）。

（67）*Census of England and Wales*（1891）, General Report, V., 3. Results of the Tabulation.

（68）*Census of England and Wales*（1891）, vol. iii, p. 248 et seq.; Allen（1966）p. 296.

（69）*Ibid.*

（70）*Census of England and Wales, 1911* などを参照。

（71）Spencer（1883）に記載の、自転車会社一覧から作成。なお、ロンドンはクロイドンやサリーなどを含む大ロンドン（Greater London）での数字である。

（72）一八八〇年と一八八一年に関しては、二輪車のメーカーのみを数えた。一八八六年と一八八九年については、三輪車のみが掲載されているメーカーも含む。

（73）ここには他に四十一のメーカーによる五十六の三輪車が掲載されているが、それらのメーカーにおいては二輪車メーカーとの重複も多いため割愛する。掲載されている三輪車の内訳は、コヴェントリが約半数を占め、他の大部分はバーミンガムとロンドンのものである。ほとんどは二輪車のメーカーと重複しているが、もしこの表にそれを加えるならば、この三都市のメーカー数は幾分増えることとなる。

（74）主にHarrison（1969）の数字を使用。ただし、ウォルヴァーハンプトンのものは、Boulton（1988）による。

（75）この節の後半で詳しく述べるが、そこには完成車を製作していない、自転車部品を製作供給する会社も含まれる可能性がある。

（76）一八九〇年代から第一次大戦までの欧米における自転車およびそのパーツの貿易に関しては、Harrison（1969）に詳しい。

（77）ブラック・カントリー（Black Country）とは、バーミンガムの西、ウォルヴァーハンプトンの南から南東にかけて広がる工業地帯のことを指す。

（78）川地博行（二〇〇八）、三三頁。

（79）バーミンガム・スモール・アームズ社（Birmingham Small Arms Co.）は、一八六一年にバーミンガムの十四の小銃製造業者による企業連合体として設立された。その際に、それまでのガンクォーター地区を離れ、スモールヒースに工作機械を導入した大工場を建てた。

（80）オットー型ダイシクル（otto dicycle）とは、大きな車輪が左右に配置してあり、その中に人が乗る形式の二輪車。一八八〇年から翌年にかけて少数生産された。

（81）McGurn（1987）, p. 45.

（82）家庭用ミシンは一八六〇年頃からイギリスの中産階級家庭に普及していき、一八六七年から七〇年に大ブームを迎えた。その頃の標準的な品の値段は四ポンドで、月賦または週賦払いで購入されていた。一八六〇年代半ばで週五シリング、一八七〇年代には週二シリング半、需要が一巡した後の一八八〇年代には週一シリングで買えるものもあった。（荒井政治（一九九四）、六七頁。）

（83）Caunter（1972）, pp. 43-44.

## 第二章

（1）十九世紀の書物における自転車乗り方指導について詳しく言及している二次文献としては、Woodforde（1970）の第七章（'Riding instruction', pp. 107-121.）が唯一のものである。そこでは、ミショー型、オーディナリ型、セーフティ型、三輪車のそれぞれについて一例ずつとりあげ、文章をほぼそのまま引用してある。

（2）VELOX（1869）

この書籍では、表題にもバイシクルという語を使用しているが、本文中ではヴェロシペードとバイシクルという表記が、混在して使用されている。

（3） Muir（c.1869）

（4） 車輪を空回りさせる機構。

（5） とりわけ木製のミショー型においては、駆動輪の軸にすらベアリング機構が採用されていないものも販売されていた。そういった製品では、当時の馬車と同様に、車輪の軸棒と接する部分が金属板で保護されていたと推測される。

（6） 変速機構を搭載していない一般的なシティーサイクルのギア比は二・三六倍（33T×14T）であり、タイヤの大きさを二十六インチとすると、六十インチ相当のギア比となる。現代のロードバイクでは、タイヤの大きさは約二十七インチであり、一・五倍程度のギア比（39T×26Tもしくは34T×23Tなど）で、四十インチ相当のギア比となる。

（7） たとえばSpencer（1876）においては、二十二頁かけて旧来型の二輪車の乗り方を解説した後、十三頁かけてオーディナリ型の乗り方を解説している。

（8） Salamon（1874）の六—九頁に記載の図版より。解説の文章は異なるが、一八八二年に出版された入門書 Practical bicyclist（1882）の三一—四〇頁においても、これらと全く同じ図が使用されている。

（9） ステップの起源については、Nick Clayton, 'Who Invented the Penny-Farthing?', *Cycle History* 7 （1996）, pp. 38-39. の中で考察されている。

（10） Salamon（1874）, p. 10.

（11） Boden（c.1874）, p. 5.

（12） Nairn & Fox（1879）

（13） たとえば、Street（1979）の五頁などを参照。

（14） Nairn（1879）の一三〇—一四七頁に掲載された一八七八年のレース結果一覧より。ここにはアマチュアのものを中心とした、約二百五十開催の記録が掲載されており、そのなかに馬との対戦が四つ記載されている。第三章で改めて取り上げる。

（15） *The Times*, 1887 Nov. 8-14. この結果には、後日、走路の距離が正確に測られていなかったため、実際は自転車のほうが勝っていたというクレームがついた。

（16） 現在に至るまで毎年行なわれていくこととなる、ブライトン・ライド（London-Brighton ride）のこと。

赤旗法の廃止とこの走行会については、第七章で詳しく述べていく。

（17） I・K・フォークナー（Hon. Ion Grant Neville Keith-Falconer, 1856 ~ 1887）は、後に南オーストラリア総督となった、アルジャーノン・キース＝フォークナー（Algernon Keith-Falconer, 9th Earl of Kintor）の弟。自転車レースで名前が挙がる際は（Hon.）Ion Keith Falconer と表記されている。一八七六年の四マイル・アマチュアチャンピオンであり、一八七八年の二マイル、一八八二年の五十マイル二輪車アマチュア・ナショナルチャンピオン。一八七八年には、当時のプロフェッショナル・チャンピオンで馬にも楽々勝利した、J・キーンにすら勝利している。

（18） ここで取り上げてきた時期よりはだいぶ後になるが、一八九〇年頃には、ノース・ロードＣＣ（North Road C. C.）やバース・ロード・クラブ（Bath Road Club）などの、自転車ロードレースを主催するために設立されたといってもよいクラブも現れてくる。

（19） Street（1979）など。

（20） Herlihy（2004）, p. 186; Spencer（1883）, pp. 73-74.

（21） Street（1979）, p. 9.

（22） Alderson（1972）, pp. 73-74.

（23） 「オープン（open）」もしくは「オール・カマー（all-comers）」などと冠されたもの。レベルの差はあったかもしれないが、開催数としてはそれほど少なくはなかった。多くの場合は、一度に複数のレースが行なわれ、そのうちのいくつか（すべてがオープン競技の場合もあるし、その逆の場合もある）がオープン参加可能なものとなっていた。逆に、クラブに所属している者限定（と推測される）レース種目に、「クラブ（club）」という名称が冠される場合もあった。どのような種目があったかの詳細は、第三章でふれていく。

（24） 財政難から、一八九四年に三シリング半に、一八九七年には五シリングへと値上げされていった。

（25） Hillier（1887, 1889）, p. 261.

（26） Street（1979）

（27） 以後、本書でも現代的な意味でスポーツという語を使用するが、十九世紀後半のイギリスにおいては、スポーツ（sports）という言葉や概念が近代以前のものから現代的なものへと変化していっている途上であり、その意味内容は現代のものとは異なっていた。

（28） *Sporting Life*, 1897 May 22.

（29）McGurn (1987), p. 87. ここでは、一八八八年にロンドン北東部のウッドフォード（Woodford）でロンドン・サイクリング・クラブがミート後に行ったイルミネイティッド・パレードが取り上げられている。他の同様な事例としては、一八八七年六月二十四日にオマハで行なわれ百人程度を集めたもの（Charles Meinert, 'To the Golden Gate George Nellis' 1887 Wheel Across the Continent', p. 16.）や、一八八八年六月にニューヨークのブルックリンで三百人を集めて行なわれたもの（*The New York Times*, 1888 Jun. 22.）などが確認できる。より古いイルミネイティッド・パレードとしては、セントルイスで一八八六年十月一日に開催が予告されていた、「ノクチュナル（夜間）・イルミネイティッド・ホイールマンズ・パレード（Nocturnal Illuminated Wheelmen's Parade）」がある。（*The Cycle*, 1886 Sep. 24.）これがどの程度の規模で行なわれたのか、東洋式の明かりを使用したのか、などの詳細については現時点では調査できていない。

（30）Griffin (1880), pp. 61-62.

（31）Griffin (1881), pp. 103-118.

（32）この変化の詳細については、第四章で述べる。

（33）Griffin (1884a), pp. 98-104; Sturmey (1887), pp. 115-123; Card (1987)

（34）岸本亜季「日露戦争以前の提灯行列——日露戦争下の社会の再考に向けて」（『早稲田大学大学院文学研究科紀要 第四分冊』五十六輯、二〇一〇年、五一―一六頁。）

（35）スタンリーBC（Stanley Bicycle Club）は、一八八〇年代の前半にスタンリーCC（Stanley Cycle Club）と改名された。

（36）王立農業会館（Royal Agricultural Hall）は、現在はビジネス・デザイン・センターとなっている。一八六一年に当時世界最大の見本市用ホールとして建築され、農業用機械や家畜の見本市などが開催されていた。

（37）一八八三年にはアルバート・ホール（Albert Hall）で行なわれた。（*Daily News*, 1883 Jan. 30.）

（38）一八九二年からは王立農業会館へと戻り、以後そこが定番の会場となる。一八九一年には、それまでの一月末開催から十一月末開催へと変わったため、この年のみ二回開催されている。

（39）*The Times*, 1890 Jan. 27.

（40）ナショナル・サイクル・ショーは、自転車商工組合（Cycle Manufacturers' Trade Association）によって、クリスタル・パレスを会場として行なわれた。第一回は一八九三年の一月に行なわれ、第二回以降はスタンリー・ショー直前の十一月上旬や中旬に開催された。

（41）*The Pall Mall Gazette*, 1887 Jan. 27.
（42）*The Times*, 1894 Nov. 24.　最も軽いものは二十二ポンド（十キログラム弱）であった。
（43）*The Times*, 1895 Nov. 23.　九十六%アルミニウム。ジョイントを使用したアルミニウム製のフレームはそれ以前にも作られていた。
（44）*The Times*, 1883 Jan. 30.
（45）デフギア（differential gear）は、差動歯車とも呼ばれる。ここでは三輪車が曲がる際に生じる内輪差を吸収するための装置のことを指す。当時のそうした装置は、主としてバランス・ギア（Balance Gear）もしくはドライビング・ギア（Driving Gear）といった名で呼ばれていた。Sturmey（1883), pp. 70-85.
（46）Sturmey（1883), pp. 91, 92; Joseph（1996), p. 90.
（47）*The Times*, 1899 Nov. 18.
（48）G・L・ヒリアー（George Lacy Hillier, 1856～1941）は、一八八一年のアマチュア国内選手権で一マイルの短距離から五十マイルの長距離までの四種目すべてに優勝したレーサーであり、その後も国際的にレースで活躍した。バドミントン叢書『サイクリング』などの著作活動でも知られ、一八九一年に開設されたハーン・ヒル自転車競技場（Herne Hill Velodrome）の設計にも深くかかわった。スタンリーBC以外の自転車クラブにも所属しており、このクラブの中心的メンバーであり続けたわけではないが、スタンリーBCでの活動経験が、彼のレース以外での活躍に大きく生かされたのではないかと推測される。

**第三章**

（1）松井良明（二〇〇七）、二一三—二一五頁。
（2）Salamon（1874)
（3）Ritchie（1999)
（4）ただ、同時に、ロング・ライドの記録の半分程のものにおいては、「ノーツ・オン・ザ・ロード（notes on the road)」として数行程度ではあるが道中についてのレポートも付されており、長距離旅行の参考となる資料でもあった。そして、十六頁中最後の五頁には「ウェールズ及びアイルランド周遊（Through Wales and Ireland)」という自転車旅行記が付されている。
（5）一八七七年以降の自転車ガイドブックなどにみられる身長との対応表に照らしあわせるならば、百八十センチ強の身長に対しては六十インチが適したサイズとなる。この後の時期において彼がどのような大きさの自転車に乗っていたかに関する明確な記述は発見できていないが、彼が残していった記録をかんがみると、より大きいサイズのものに乗り換えていたはずである。ただし、後の時期において彼のライディングスタイルを評した文章では、身長が高かったため、後の基準でみると過度な前傾姿勢をとることがあったとも書かれている（一八八六年版のバドミントン叢書『サイクリング』などを参照）。あきらかに身体に合わないサイズの自転車を使用していたならばそのような記述が見受けられるであろうから、これは一般的に販売されていた中では最大の六十インチサイズのものでもまだ身体に十分フィットしていなかったさまを、そして競技人生の初期に、小さめの自転車に乗っていたことにより、それにあわせた乗車姿勢が身体に染込んでいた様子を描いた文章であると解釈するのが妥当であろう。

（6）ただし、ここで取り上げた本に記載されている一八七四年の記録においては、アマチュアのレースで賞金の存在が明記されているのは、ロードレースにおいて一例が見られるだけである。

（7）Nairn（1879）, pp. 129-147.

（8）ただし、アマチュアであることに執着するような者は、少なくともこの頃にはすでに、賞金レースには参加していなかったと推測される

（9）Ritchie（1999）p. 509. 有名なルールとしては、モリニュー・グラウンド（Molineux Grounds）における、ウォルヴァーハンプトン・ルールなどがあった。

（10）他人の前で風除けとなって走行することを指す。

（11）*The Wheel World*, 1880 May.

（12）BUは一八八二年にトライシクル・アソシエーション（Tricycle Association）を吸収し、翌年ナショナル・サイクリスト・ユニオン（National Cyclists' Union）に名称を変更する。

（13）ロンドンBCによる「バース・ロード・百マイル（One Hundred Miles on Bath Road）」、シヴィル・サーヴィスBCによる「ハンデ付チャンピオンシップ・ロードレース（Championship Road Race Handicap, Croydon to Brighton）」、サリーBCによる「三十八マイル・チャンピオンシップ・ロードレース（Thirty-eight Miles Champion Road Race）」。

（14）Spencer（1883）, p. 125.

（15）Nairn（1883）, pp. 76-104.

（16）その記録の原文を引用しておく。AGRICULTURAL HALL, 18th May. – Horse v. Bicycles – Leon (Horseman,19 horses) 969 miles in the week ; W. Cann, 910 ; F. White, 864 ; Phillips, 850 ; A. Patrick, 801 ; W.

Thomas, 734 ; S. Rawson, 375 ; Newsome（horseman）, 282 ; J. Keen, 84 ; A. Markham, 24.（6 days of 12 Hours）

（17） この節の記述は、主としてバドミントン叢書『サイクリング』各版の「レース用コース（racing path）」の章と、Nairn（1878, 1883, 1884）の記述による。Alderson（1972）, pp. 66-70; McGurn（1987）, pp. 61-65. なども参照。

（18） ここでは、シンダー（cinder）とは、石炭などの燃え殻のことを指す。当時はこれを敷き詰めた走路を、シンダー・パス（cinder path）もしくはシンダー・トラック（cinder truck）と呼んでいた。十九世紀末頃においては、現代もしくは二十世紀後半以降に同じ名で呼ばれている走路とは、路面の材質も圧延状態も大きく異なっていたと考えられる。

（19） 芝の種類や平均的な長さ、土の固さなどの詳細は不明だが、自転車でレースを行なうには、路面がやわらかすぎると評されていた。

（20） http://www.localhistory.scit.wlv.ac.uk/Museum/Transport/bicycles/racing.htm（二〇一一年八月一日確認。現在は閲覧不可）。ここでは、一九〇〇年においても同地で自転車レースが開催されていたことを示す資料も提示されているが、そのころのトラックがどのような形態になっていたのかはわからない。一八八九年にウォルヴァーハンプトン・ワンダラーズ（Wolverhampton Wanderers）用のフットボールグラウンドを作った際にも、このトラックは残されたとある。

（21） Hillier（1887）, pp. 272-273.

（22） Hillier（1896）, pp. 221-228.

（23） McGurn（1987）, p. 63.

（24） 後発のメーカーであったコヴェントリ・マシニスト社が、一八八二年頃から他社に先駆けて、トラック競技におけるレースやタイムアタックでの記録を宣伝に積極的に利用し始めた。

（25） ここでは、両ペダル中心間の距離を指す。すなわち、ペダル回転時に右足が移動する面と左足が移動する面との距離のこと。第四章で詳しく取り上げる。

（26） 正確には、一八八〇年代における用法では、レイク（rake）とはハンドル位置から地面に垂直に下ろした線と、前輪の中心から地面に垂直に下ろした線とがなす間隔を指す。これについても第四章で詳しく取り上げていく。レイクの最初期の用法例としてはGriffin（1880）の三頁にみられるものがあり、オーディナリ型自転車最後期の用法例としてはGriffin（1990）の一二頁を挙げることができる。この間、一八八〇年代を通して、ヒリアーなど他の著者においても、レイクは同じ概念として使用されていることが確認できる。

（27） Griffin（1884a, 1886）; Sturmey（1885）

（28） 各種の三輪車については、第六章で詳しく述べる。

（29） Nairn（1883）, p. 224; Nairn（1884）, p. 222. 一八八二年九月三十日のロンドン～バース往復（London to Bath and Back）と、一八八三年六月二十三日のロンドン～バーミンガム往復（London to Birmingham and Back）において、それぞれ達成された。

（30） *Cyclist and Wheel World Annual*（1884）, pp. 221-222. オーディナリの記録は一八八三年五月にバーミンガムのスピードウェル・クラブ（Speedwell Club）によって、三輪車の記録は同年六月に"Premier" tricycle によってそれぞれ達成された。

（31） このタンデム（Tandem）という語は、元々は直列二頭立て馬車を指すものであった。

（32） たとえば、一八八九年にロンドンを走った最初のガソリンエンジン乗合自動車にも、乗合馬車と同じスタイルで広告がつけられていた。

（33） 武田尚子（二〇一〇）、一一五頁。一八九六年十一月に導入され、ヨークをはじめとしたイングランド北部の町々を回った。

（34） 荒井政治（一九九四）、七二頁。そして、このデイリーメール紙主幹のアルフレッド・ハームズワースの全面的なバックアップによって開かれた一九〇〇年の千マイル自動車レースによって、イギリスの自動車産業が大きく動き出すこととなる。

（35） Flower（1981）, pp. 24-25. 一八九八年に最初の自動車見本市（Motor Show）がロンドンで開催された。また、第二章で述べたように、この頃までに大きなイベントへと成長していた自転車見本市にも、自動車やモーターサイクルが出展されていた。

（36） 第二次大戦後の日本では、昭和二十七年から、競輪を主催する日本自転車振興会によって、数十人の競輪選手が参加する大規模なロードレースが数回開催されたが、多額の開催経費を回収することの困難さと、選手への負担の大きさなどから、その後の継続的な開催には到らなかった。（日本自転車振興会（一九九〇））

**第四章**

（1） Caunter（1972）, p. 16; Wilkinson-Latham（1977）, p. 39; Herlihy（2004）, p. 184. など。その後の技術的改

良についても、ふれられていないわけではないが、不十分な記述にとどまっている。

（2） 自転車史と鉄鋼業史を関連付けた研究としては、D. G. Wilson & T. Saleh, "The Influence of Materials-Developments on the Design and Construction of Early Cycle", *CYCLE HISTORY – Proceedings of the 4th International Cycle History Conference*（1993）, pp. 49-56. があるが、より広く詳細な研究が必要であろう。

（3） 荒井政治（一九八九）、一六六―一六八頁；Woodruff（1958）, pp. 73-74.

（4） こうじや信三（二〇一三）

（5） 前述の注で述べたようにレイク（rake）という語は、ハンドルが車輪の中心から後方へ下がっている距離をあらわしていた。本書では、記述が煩雑になることを避けるために、フロントフォークの角度という言葉も使用するが、当時の記述ではレイクの大きさのみによって語られていた。

（6） N. Clayton, "Who Invented the Penny-Farthing?", *CYCLE HISTORY – Proceedings of the 7th International Cycle History Conference*（1996）, p. 35. など。

（7） *The Times*, 1869 Sep. 10.

（8） アドジャスタブル・クランク（adjustable crank）と呼ばれるもので、クランクに複数のペダル取付穴が開いているものや、連続的に取付位置を調整できるようクランクに溝が空けてあるものなどがあった。

（9） Griffin（1877）

（10） 以下、このシリーズを、基本的には〜年版とのみ表記していく。参照できたものは、Bicycle については、*Bicycle of the Year* の 1877, 1879-80, 1884 の各年版と、*Bicycle and Tricycle of the Year* の 1881, 1886, 1889 の各年版である。

（11） これも当時としては小さめであることを指摘する意図で書かれていたのであろう。

（12） Griffin（1889）, p. 2. No.1, The Singer Royal Dwarf Safety Roadster についての説明。

（13） 十九世紀半のイギリスにおける rational という語には、一般に「合理（的）」という訳語があてられているが、これは複雑な背景を持った言葉で、適切な訳語や簡潔な説明をつけるのが困難である。この語とこの車種については、第六章の最終節で改めて取り上げる。

（14） Nairn（1884）, p. 145.

（15） 一八七八年の記録で既に四分の一もしくは五分の一単位の計時がされていた。二十世紀初頭までの期間では、この計測最小単位に変化は見られない。Nairn（1883）, pp. 119-126; Hillier（1896）, pp. 375-382; Rose（1949）, pp. 205. などを参照。

（16）Hillier（1889）, pp. 328-331.
（17）McGurn（1987）, p. 62.
（18）現代のバーエンドバーに近い働きをなすもので、乗車姿勢に変化をつけやすくなる。
（19）Sturmey（1887）, preface.
（20）Griffin（1886）; Sturmey（1887）
（21）Griffin（1889）
（22）Spencer（1896）, p. 295.
（23）Griffin（1884）の四九頁に、ペダルの中央間の距離と明記した記述がある。現代では、ペダル取付部間の距離をトレッドもしくは踏み幅としている。
（24）一分間のクランク回転数のこと。当時はそのような用語は使用されていなかったが、ここでは便宜的に使用する。十九世紀においては、時間当たりクランク回転数を数値として言及している記述は、ほぼみられない。
（25）クランクの長さについては、数値的記述が非常に少ないため、どの程度の長さのクランクが標準的であったかを推測するのは難しい。乗り手の足の長さにあわせて適当な長さのものを選ぶこともできたようだが、どの程度の種類と幅があったかはわからない。四〜五インチというのは、調整が可能なアドジャスタブル・クランク（adjustable crank）の調整幅の一例からとった。四インチより短いクランクも存在していた。
（26）以下の記述では、インチからミリへの単位換算表記は一部の箇所にとどめる。一インチは二十五・四ミリメートル。
（27）Sturmey（1885）
（28）Griffin（1884a）
（29）Sharp（1896）, p. 153.
（30）エナメル塗装には、防錆効果などの実用的側面もあった。
（31）Love（1869）の二十二頁に広告が掲載されていた。そこではT. & F. Smith's "Excelsior" Velocipedeとして、No. 1から3までの、前輪の大きさが異なる三種類の製品が紹介されている。それぞれの前輪の大きさは、三十二、三十六、四十インチで、スポークの数がそれぞれ十四、十六、十八本であると記載されている。価格は大きさと品質によって異なり、六〜十二ポンドであった。

（32）Caunter（1972）, p. 13.
（33）*Ibid.*, p. 14.
（34）ソリッド・スポークは（solid spoke）は、現在では張力によらずに機能するスポークを指す言葉であるが、ここではスポークの頑丈さを示す言葉として使用されていたようである。
（35）ここに挙げた中では、インビンシブルやプレミアなど。
（36）一八七五年の商標登録法（Trade Mark Registration Act）、一八八三年の特許及び商標法（Patents and Trade Marks Act）など。
（37）具体的な記述としては、「かなり丈夫なロードスター（a good strong roadster）」や「非常に優れたロードスター（a really excellent roadster）」など。
（38）全百十六台中、ロードスター九十台、ライト・ロードスター五台、セミ・レーサー六台、レーサー十五台。
（39）一八八六年版においては、四十台が掲載されていたセーフティ型の中で二台のみがレーサーで、一八八九年版においては、セーフティ型八十九台中四台のみがレーサーだった。
（40）明確に定義するのは難しいが、典型的なものは、ダイヤモンドフレーム、スチール製の泥除け、チェーン全体を覆うチェーンケース、アップライトハンドル、ロッドブレーキ、内装三段変速機などを備えている。
（41）主に泥詰まりが問題となった。
（42）オーディナリ型においては、小さく遠い後輪からの泥はねの影響は小さく、前輪においては車輪に沿った位置にあるフレームがそのままある程度泥除けの役も果たしていた。

## 第五章

（1）Salamon（1874）, pp. 13-15; *The Penny Illustrated Paper and Illustrated Times*, 1873 Jun. 14; *The Leeds Mercury*, 1873 Jun. 16; *Liverpool Mercury etc.*, 1873 Jun. 16; *The Graphic*, 1873 Jul. 19.
（2）ロンドン発七時～バース着一三時一五分、バース発一三時四五分～ロンドン着翌日二〇時三〇分という行程だった。『デイリー・ニュース』紙の記事（*Daily News*, 1874 Oct. 1.）では、帰路ハンガーフォード（Hungerford）で一時間程仮眠を取ったと書かれている。
（3）パターソンの名を冠すロードブック、ガイドブックは、十九世紀後半においては、十九世紀前半以前のものとは大きく体裁を変えたものとして出版されていた。

（4） イングランドとウェールズについての巻の場合。

（5） *Paterson's Roads, 18th edition*（1826）

（6） *Black's Guide to England and Wales*（1868） 一八八三年の十二版と一八四六年の版（*Black's Picturesque Tourist and Road-Book of England and Wales*）もあわせて比較したが、ここで提示した区間に関しては大きな差異は見受けられず、解説の文章や付属の地図などに変更がある程度であった。

（7） *The Bicycle Road Book*（1881） 同じ著者と出版社による一八八五年の版（*The Cyclists' Road Book, new and revised edition*）の同部分との比較では、人口データが更新されていたのみであった。

（8） *The Roads of England & Wales, 4th ed*（1884） 五年後の一八八九年に出版された第五版においても、ここで提示した部分の記述には変更が認められなかった。

（9） 四七十頁となると結構な分量ではあるが、後述の『コンツアー・ロードブック（*'Contour' Road Book*）』シリーズをみても、第一集は二百八十頁程度だが第二集、第三集は四百頁を大きく越えており、その程度の頁数でも、版型が小さければ、自転車旅行での携帯に適していたのだろう。

（10） 本文中でとりあげた一八六八年版『ブラックス・ガイド』においても、鉄道が通っていないこのルートが最初に置かれている。

（11） レッツ親子社（Letts, Son & Co.）の『ユニバーサル・サイクリング・マップ（*Unrivalled Cycling Maps*）』や『レッツ社・イングランド・ウェールズ・自転車地図（*Letts's Single Sheet Bicycle Map of England and Wales*）』など。後者は一インチあたり十二マイル（約七六万分の一）の縮尺で、大きさは三十三×三十九インチ、価格は一枚十シリング半から二シリング半であった。（同社の *The Roads of England & Wales, 4th edition*（1884）に掲載された広告より。）

（12）『サイクリスト・ポケット・ロード・ガイド（*The Cyclist's Pocket Road Guide*）』は、一枚の地図の大きさが四・五×三インチで、全百六十枚からなり、一枚に一ルートが記されている。各ルートの長さは異なるため、縮尺はそれぞれ異なっていた。価格はケース付き全セットで一ポンド一シリング、四十枚セットで五シリングだったが、一部のルートにおいては一枚二ペンスでばら売りもされていた。（Griffin（1884a）, pp. 105-106.）

（13）『コンツアー・ロードブック』シリーズは、イングランドとウェールズについて三分冊、スコットランドが一冊の全四巻からなっており、初版は一八九七年から一九〇〇年にかけて順次出版された。

(14) たとえば、Practical Bicyclist（1882）など。

(15) ただし、『サイクリスト・アンド・ホイール・ワールド年鑑』では、一八八三年のものにはAからLで始まる地名の表、一八八四年のものにはMからZまでが掲載されており、一冊だけでは実用に適さなかった。Salamon（1874）や、前の注で挙げたPractical Bicyclist（1882）においては、主要ルートのみの掲載ではあったが、ブリテン島のほぼ全域をカバーしていた。

(16) 『サイクリスト・アンド・ホイール・ワールド年鑑（*The Cyclist and Wheel World Annual*）』は、『サイクリスト』誌と『ホイール・ワールド』誌という二つの主要自転車雑誌による合同編集で、この種の年刊ハンドブックの代表的なものだったと推測される。

(17) 筆者自身にとっては夕方がもっともよく、その時間帯は坂で降りて押して登ることは稀だ、とある。

(18) サドルの後ろの下部につけるバッグについては、ここでは言及がない。その種のバッグは、一八七〇年代からすでに存在はしていたが、一八八三年から一八八四年頃に、サドルとフレームの間のクッション機構が板バネからコイルスプリングへと変わっていき、そののちに普及が進んだと推測される。

(19) ミート・プリパレーション（meat preparation）がどのような食物であったかは、現状では調査できていない。この食物について言及されている箇所を、引用しておく。"... any Brand's meat preparations, such as B's Essence in tins, B's Meat Lozenges, or Concentrated Beef Tea in Skins, ..."

(20) 当時の自転車乗りのマナーとしては、歩行者に対してはベルを鳴らして接近を知らせるのがよいとされていた。

(21) 本文中では"The world is still deceived by ornament."と二重引用符を用いている。ただし、『ヴェニスの商人』における有名な一節ではbyでなくwithが用いられている。どのような意図や理由がありここでbyを用いているのかはわからないが、その一節を意識しているのは確かであろう。

(22) Griffin（1890）および、バドミントン叢書『サイクリング』の一八八七～九六年までの各版の「ツーリング（Touring）」と題された章より。ただし、後者においては、初版での記述が後の版にほぼそのまま引き写されているため、九五年、九六年版などでは、すでに時代にそぐわないものとなっていた可能性が高い。

(23) バドミントン叢書『サイクリング』では、夢見がちなビギナーは一日に六十～百マイルを一週間走り続けるような計画を立てるが、経験豊かな者は一日に四十～五十マイルで計画を立てる、とある。Griffin（1890）では、一日に二百二十マイル走ったこともあるフェッド氏（A・J・ウィルソンの別名）でも、楽しんで走るときには一日十～四十マイル程度にしている、といった記述がある。

（24） 山が多いデヴォンシャー（Devonshire）にセーフティ型の七十二（インチ相当。以下同様。）で、アイルランドにタンデム三輪車の六十三、ウェールズに三輪車の六十六、もう一度アイルランドへセーフティ型の約四十八で、それぞれ巡っていた。

（25） Lightwood（1928）, Perry（1995）, Speake（2003）

（26） 『アウティング（*Outing*）』誌の書誌情報は少々複雑なため、ここに整理して記しておく。なお、*Outing* であった時期の副題は *Outing: an illustrated monthly magazine of sport, travel and recreation.* である。

誌名の変遷は、*The Wheelman*（1882 Oct. ～ 1883 Dec.）, *Outing and Wheelman*（1884 Jan. ～ 1885 Mar.）, *Outing*（1885 Apr. ～ 1905 May）, *The Outing Magazine*（1905 Jun. ～ 1913 Jul.）となっており、以後、少なくとも一九二三年まで刊行されていた。

*The Wheelman* の創刊以前に、一八八二年五月に創刊されていた *Outing* という月刊誌があり、これが一八八五年に *The Wheelman* を吸収した。出版元の会社としては The Outing Company Limited が残り、スポーツ娯楽総合誌という内容においても元の *Outing* を引き継いだが、雑誌の体裁は *Outing and Wheelman* に近いものとなった。

（27） *Our Journey to the Hebrides*（1889） ヘブリディーズ諸島（Hebrides）は、スコットランド西海岸沿いに広がる島々。この本は『ハーパーズ・マガジン（*Harper's Magazine*）』誌への連載をまとめたもの。

（28） *The Stream of pleasure: being a month on the Thames*（1891）もしくは *The stream of pleasure. A narrative of a journey on the Thames from Oxford to London*（1891）

本書では詳しく取り上げることはできなかったが、ボートと自転車の間には高い親和性が存在した。このような余暇活動的な娯楽以外でも、レース競技やカヌーを用いた冒険旅行などを見ても、双方に関わった人物が散見される。

（29） J・ランカスター親子社（J. Lancaster and Son）

（30） 三つの機種（Merveilleux, Meritoire, Instantograph）が紹介されており、それぞれの重さは引き蓋（dark slide）込みで十二オンス（約三百四十グラム）、一一・五オンス、十六オンスで、価格はそれぞれ一ポンド一シリング、一ポンド十一シリング六ペンス、二ポンド二シリングとある。他にも付属品が必要で、印画版、印画紙、薬品などの消耗品にも費用がかかったであろうが、自転車やその付属品の価格と比べるとそう高くないように見受けられる。ハーフサイズのカメラでもこの二倍程度の価格であった。

（31） Joseph（1996）, p. 156.
（32） 同じ四分の一サイズの印画板を使用する製品同士で比べた場合。ディテクティブ・カメラにおいても、使用されている印画版の大きさで、大きく値段が異なっていた。
（33） 誌名の変遷については前出の注参照。以下では煩雑になるのを避けるため、他の誌名の時期についても『アウティング』誌と記述していく。
（34） ここで『アウティング』誌を取り上げたのは、資料的制約によるところもあるが、少なくとも一八八〇年代中葉以前においては、イギリスで発行されていた他の自転車雑誌を含めても、この雑誌が質、量ともにもっとも多くの自転車旅行記を掲載していたと見受けられるからでもある。
（35） とりわけ書籍を出版した際には大きな話題となったようである。具体的な反響としては、たとえば *The Times*, 1887 Oct. 18.
（36） レンツ及びその旅行、そしてその後の顛末については、Herlihy（2010）に詳しい。
（37） *The Penny Illustrated Paper and Illustrated Times*, 1890 Oct. 18; 1891 Apr. 11. この両号に、欧州での旅行の様子が掲載されている。一八九〇年の冬、彼らがギリシャに滞在している時に同誌はスポンサーを降りることとなったため、欧州の記事のみとなった。
（38） *Across Asia on Bicycle*（2003）に付された Michael W. Perry の解説を参照。
（39） 二千五百枚以上の写真を撮ったとされるが、そのほとんどは現存していない。

## 第六章

（1） Bottomley（1969）, p. 22.
（2） 小林恵三（二〇〇九）
（3） 一八六〇年代後半における三輪車の発展は、ドイツ、フランス、イギリスで、それぞれ独自に進行していたと推測され、また、小規模にしか生産されていないものがほとんどであったため、その全体像を把握するのは非常に困難であろう。
（4） ジェームズ・スターレー（James Starley, 1830～1881）は、一八七〇年頃にW・ヒルマン（William Hillman）と共に初のオーディナリ型自転車となる「エアリアル（Ariel）」を製作販売した人物。「自転車産業界の父」とも呼ばれている。
（5） Woodford（1970）, p. 75; Caunter（1972）, p. 27.

コヴェントリ・レバー式三輪車は、一八七六年に特許を取得し、翌年から販売された。

（6） H・J・ローソン（Harry John Lawson, 1852 ~ 1925）は、一八七〇年代にはじめてセーフティ型自転車に類似した形式のチェーン駆動式の二輪車を発明、試作した人物でもある。第七章で改めてふれるが、彼は発明者としてよりも自転車会社のプロモーターとして成功して財をなし、一八九〇年代以降のイギリス自動車産業の振興において、大きな役割を果たした。

（7） 二輪車のみを記した書籍名（*Bicycles of the year, 1879-80*）から、二輪車と三輪車を冠した書籍名（*Bicycles and Tricycles of the year, 1881*）へと変わった。一八八二年版については確認できていないが、一八八三年から一八八五年の間は、*Bicycles of the year* と *Tricycles of the year* が別の本として出され、一八八六年にはまた *Bicycles and Tricycles of the year* の合本形式に戻った。以下この章でも、これらのグリフィンによる三輪車購入ガイドブックの各年版を、~年版とのみ表記する。

（8） 五台のレバー式三輪車のうち、手でレバーを動かすものは、ロンドンにあったトレド・スチール社（Toledo Steel）の「レバー・トライシクル（the Lever Tricycle）」の一例のみで、他は足でレバーを上下に動かして駆動した。

（9） 一八八一年版でレバー式は三分の一程度だった。一八八三年版以降では、七九~八〇年版とは逆に、足でレバーを操作する形式のものはみられなくなり、手でレバーを動かして駆動する方式のものが一、二種残るのみとなっていく。

（10） コヴェントリ・ロータリーは、一八七七年にジェームズ・スターレーが製作販売した、初めてチェーン駆動を採用した三輪車に冠された製品名であり、車体の基本的な構造は当時のままであった。

（11） Griffin（1884b）の序文より。

（12） McGurn（1987）, p. 82. 一八八三年で二輪車が二百二十三台、三輪車が二百八十九台であった。

（13） ジェームズ・スターレーは同月（一八八一年六月）に五十一歳で死亡し、息子のウィリアムが跡を継いだ。

（14） Woodforde（1970）, pp. 78-79; Latham（1978）, p. 48; McGurn（1987）, p. 82. など。

（15） Griffin（1890）, p. 83; Hillier（1887, 1889）, pp. 202-205. 詳しくは第五章を参照。

（16） この「コンバーチブル三輪車」は、先のタンデムとソーシャブルの台数には含まれていないため、このタイプを含めると、二人乗り三輪車の掲載数と割合はより大きくなる。

（17） Sturmey（1883）

（18）一八八一年版では、三輪車ではまだレーサーと呼ばれている製品はみられない。第三章で述べたように、まだそのころには三輪車によるレースはほとんど行なわれていなかったからであろう。
（19）八つのうち六つの製品の数値。他の二つはより小型で、三十六インチが二十二インチ、三十六インチが二十四インチになった。
（20）これは幅四十インチのものが二十インチ近くにまで小さくなる。
（21）Sturmey（1883）, pp. 7-8.
（22）久保利永子（二〇〇六）、九〇頁。
（23）シヴェルブシュ（一九八二）、一四九—一六〇頁。
（24）久保利永子（二〇〇六）、九五頁。
（25）Griffin & Davidson（1890）, p. 53.
（26）*ibid.*

## 第七章

（1）影山夙（一九九九）、一二五頁。など。
（2）Richardson（1977）, p. 11. など。
（3）Bird（1960）, p. 71; Richardson（1977）, p. 18; Georgano（1995）, p. 24.
（4）月刊の自動車専門雑誌としては、既にフランス（*La Locomotion Automobile*）やアメリカ（*The Motocycle; The Horseless Age*）で創刊されていた。
（5）*The Times*, 1896 Feb. 17.
（6）*The Times*, 1896 May 21.
（7）この節におけるペニントンの略歴に関しては、以下の三冊における記述を主に参照した。
Duncan（1926）, pp. 765-795; May（1990）, pp. 386-388（ペニントンに関する項の執筆者は Genevieve Wren）; Georgano（1985）, pp. 482-483.
（8）*The Times*, 1895 Nov. 28.
（9）影山夙（一九九九）、九二—九三頁。など。
（10）*The Autocar*, No. 52（1896 Oct. 24）
（11）*The Autocar*, No. 72（1897 Mar. 13）～ No. 81（1897 May 15）において、活発な議論が見られる。

（12）H・O・ダンカン（Herbert Osbaldeston Duncan, 1862 ~ 1945）はロンドンに生まれ、十代後半から二十代にかけて自転車レーサーとしてイギリス、フランス両国で活躍した。その後、自転車ジャーナリストとして活動していたところをH・J・ローソンに雇われ、ブリティッシュ・モーター・シンジケート（BMS）の（commercial manager に就任し）営業宣伝活動を任された。彼は、選手時代から培っていたフランスでの人脈を生かして、イギリスにおける自動車産業の立ち上げに協力したが、一八九七年にBMSの活動が失敗に終わると、その後はフランスに移住し、第一次大戦期までの間、ド・ディオン・ブートン社の協力者として働いた。

（13）Stephens（1969）, pp. 162-189.

（14）*The Autocar*, No. 56（1896 Nov. 21）

（15）Duncan（1926）, p. 715; Bird（1960）, pp. 107-109.

（16）ストリータムはロンドン中心部から南方へ八キロメートルほど離れた場所の地名。

（17）投稿に対して編者によるコメントがつけられていることはそれほど珍しくないが、多くは一行程度のもので、このように長文のコメントはペニントンを擁護するいくつかのもの以外にはみられない。

（18）ストリータムからさらに四キロメートルほど南方の地区名。

（19）引用者によると、*Industries and Iron*, 1896 Nov. 13, pp. 384-394.

（20）当時の自動車燃料用の油についての記述をみると、比重、発火点、揮発性の程度によって、油の種類が区別されていた。

（21）この前後一年程の期間では、匿名の投稿記事は五分の一から四分の一程度である。

（22）その内容は以下のようなものであった。「ペニントンはこれまで二、三の挑戦を拒絶し、代わりに自分の車に有利な逆挑戦を行ってきた。そんなにけなすほどボレ車が貧弱な（poor）車なら、紙面で吼えていないでなぜ挑戦を受けて負かさないのか。だいたい、同時にスタートしてすぐに大差をつけることが可能なはずなのに、なぜボレ車の放つ悪臭や騒音を気にするのか。そもそも、十二箇月前にアメリカで一マイルを五十八秒で走ったという車を、イギリスに持ってきて見せてくれないか？　それと、後ろに風車がついているという（その子供じみた発想の）車も。うそやたわごとや逆挑戦は、未完成なマシンを改良するための時間稼ぎなのだろう」

（23）他の四輪の自動車は、比較的簡素で安価なものでも、倍程度の価格であった。ただし、モーターサイクルに近い三輪の自動車は、「ヴィクトリア」と同程度の価格で、たとえばオートモービル・アソシエーション社（Automobile Association, Ltd.）は、自転車のサドルに乗車する形式の三輪自動車を七十五ギニー、横に二人並んで長椅子に乗車できる形式の三輪自動車を百五十ギニーで販売していた。（*The Autocar*, No. 165（1898 Dec. 24); No. 166（1898 Dec. 31））

（23） *The New York Times*, 1911 Mar. 10.

（24） 後の時代におけるこの機構に対する考察としては、十分なものであるとは言えないが、Duncan（1926), p. 780; Bird（1960), pp. 70-71. などが存在する。

（25） *The Autocar*, No. 68（1897 Feb. 13）

# 主要参考文献

とくに欧語文献については、本文と関係の深いもののみを記した。注で書誌詳細を記したものについては、ここに挙げていない。

## 日本語文献


荒井政治（一九八九）『レジャーの社会経済史――イギリスの経験』、東洋経済新報社。

――（一九九四）『広告の社会経済史――イギリスの経験』、東洋経済新報社。

有賀郁敏（二〇〇二）『スポーツ』、ミネルヴァ書房。

伊藤航多（二〇〇二）「19世紀イングランド北部の「地域社会」とスポーツ――タインサイドの 'GREET' ボート・レース」、『社会経済史学』第六十八巻第二号、四三―六四頁。

稲垣正浩（一九九〇）「新素材の開発にともなうボール・ゲーム史への影響について――ビリヤードと卓球を中心に――」、『奈良教育大学紀要（人文・社会科学）』、第三十九巻第一号、五九―六九頁。

運輸調査局（一九五九）『フランスにおける道路の発達と整備』、運輸調査局（調査資料、第 319 号（資106））。（Von Jürgen Hahn. 1957. *Entwicklung und Ausbau der Strasen in Frankreich*, Internationales Archiv fur Verkehrswesen.）

大島隆雄（二〇〇〇）『ドイツ自動車工業成立史』、創土社。

影山夙（一九九九）『自動車「進化」の軌跡――写真で見るクルマの技術発達史』、山海堂。

川島昭夫（一九八三）「十九世紀イギリスの都市と「合理的娯楽」」、中村賢二郎『都市の社会史』ミネルヴァ書房、二九四―三一八頁。

川地博行（二〇〇八）『英米日の小銃・自転車・自動車産業』、中央公論事業出版。

こうじや信三（二〇一三）『天然ゴムの歴史――ヘベア樹の世界一周オデッセイから「交通化社会」へ』、京都大学学術出版会。

小谷節男（二〇〇〇）『アメリカ石油工業の成立』、関西大学出版部。

小林恵三（二〇〇九）「ドライジーネとミショー型小史　１８１７年（文化14年）～１８７０年（明治3年）」、『自転車文化センター研究報告書』、第二号。米今由希子（二〇〇八）「19世紀後期イギリスにおける合理服協会の衣服改革――The Rational Dress Society's Gazette から」、『日本家政学会誌』、第五十九号第五巻、三二三―三二九頁。

斎藤俊彦（一九九二）『轍の文化史』、ダイヤモンド社。

佐野裕二（一九八五）『自転車の文化史』、文一総合出版。

――（一九八八）『自転車の文化史』、中央公論社（中公文庫）。

自転車産業振興協会（一九七三）『自転車の一世紀』、自転車産業振興協会。

清水一嘉（二〇〇一）『自転車に乗る漱石　百年前のロンドン』、朝日新聞社（朝日選書）。

武田尚子（二〇一〇）『チョコレートの世界史――近代ヨーロッパが磨き上げた褐色の宝石』、中央公論社（中公新書）。

中島俊郎（二〇〇七）『イギリス的風景』、ＮＴＴ出版（ＮＴＴ出版ライブラリーレゾナント）。

日本自転車振興会（一九九〇）『競輪四十年史』、日本自転車振興会。

丹羽隆昭（二〇〇七）『クルマが語る人間模様』、開文社出版。

藤井徳明（二〇〇八）『ロードバイクの科学』、スキージャーナル。

堀田隆司（一九九六）「19世紀フランスにおける石油産業の形成」、『国際研究論叢』、第八巻第四号、五七―七六頁。

――（一九九七）「19世紀フランスにおける石油産業の展開」、『国際研究論叢』、第九巻第四号、六〇九―六三四頁。

――（一九九八）「第一次世界大戦前夜のフランス石油産業」、『国際研究論叢』、第十一巻第四号、三一―五二頁。

松井良明（二〇〇〇）『近代スポーツの誕生』、講談社（講談社現代新書）。

――（二〇〇七）「イギリスにおけるスポーツの近代化と刑法に関する基礎的研究――公道でのスポーツ活動の違法性と公道法（１８３５年）との歴史的関係について」、『体育學研究』、第五十二巻第二号、二一三―二二五頁。

武藤博己（一九九五）『イギリス道路行政史』、東京大学出版会。

山本尚一（一九七四）『イギリス産業構造論』、ミネルヴァ書房。

アンジェイ・ヴォール（著）、唐木国彦、上野卓郎（訳）（一九八〇）『近代スポーツの社会史』、ベースボール・マガジン社。（Wohl, Andrzej. 1973. *Die gesellschaftlich-historischen Grundlagen des bürgerlichen Sports*（*Band* 2), Köln: Pahl-Rugenstein Verlag.）

アンソニー・スミス（著）、仙名紀（訳）（一九八八）『ザ・ニュースペーパー』、新潮社。（Smith, Anthony D. 1979. *The Newspaper: An International History.* London: Thames and Hudson.）

ヴォルフガング・シヴェルブシュ（著）、加藤二郎（訳）（一九八二）『鉄道旅行の歴史』、法政大学出版局。（Schivelbusch, Wolfgang. 1977. *Geschichte der Eisenbahnreise: Zur Industrialisierung von Raum und Zeit im 19. Jahrhundert.* Auflage: Carl Hanser Verlag.）

オットー・マイヤー（著、編）、ロバート・C・ポスト（編）、小林達也（訳）（一九八四）『大量生産の社会史』、東洋経済新報社。（Mayr, Otto, & Robert C. Post. 1981. *Yankee enterprise,the rise of the American system of manufactures.* Washington, D.C.: Smithsonian Institution Press.）

ジョーン・ハーグリーヴズ（著）、伯聰夫、阿部生雄（訳）（一九九三）『スポーツ・権力・文化』、不昧堂出版。（Hargreaves, John. 1986. *Sport, Power and Culture: A Social and Historical Analysis of Popular Sports in Britain.* Cambridge: Polity Press.）

ジョン・B・レイ（著）、奥村雄二郎、岩崎玄（訳）（一九六九）『アメリカの自動車』、小川出版。（Rae, John B. 1965. *The American Automobile.* Chicago: University of Chicago press.）

スティーヴン・カーン（著）、浅野敏夫（訳）（一九九三）『時間の文化史』、法政大学出版局。（Kern, Stephen. 1983. *The Culture of Time and Space.* Cambridge: Harvard University Press.）

スティーヴン・カーン（著）、浅野敏夫、久郷丈夫（訳）（一九九三）『空間の文化史』、法政大学出版局。（Kern, Stephen. 1983. *The Culture of Time and Space.* Cambridge: Harvard University Press.）

ドラゴスラフ・アンドリッチ（著）、ブランコ・ガブリッチ（構成）、古市昭代（訳）（一九九二）『自転車の歴史——２００年の歩み 誕生から未来車へ』、ベースボール・マガジン社。（Andriç, Dragoslav, & Branko Gavriç. 1990. *Two Centuries of the Bycycle,* Luzern: Bessa.）

フィリップ・S・バグウェル（著）、ピーター・ライス（著）、梶本元信（訳）（二〇〇四）『イギリスの交通』、大学教育出版。（Bagwell, Philip S., & Peter J. Lyth. 2002. *Transport in Britain: from canal lock to gridlock 1750-2000.* London: Hambledon and London.）

レイモン・トマ（著）、蔵持不三也、寒川恒夫（訳）（一九九三）『新版　スポーツの歴史』、白水社（文庫クセジュ）。（Thomas, Raymond. 1991. *Histoire du sport.* Paris: Presses universitaires de France.）

## 欧語文献

### 一次資料

A Constant rider. 1876. *A pocket manual on the bicycle: with instructions how to ride, which to buy, a list of chief makers, rules of the road and club, hints on training, etc.* London; Cirencester: Hamilton Adams and Co.; Keyworth and Everard.

An Experienced Velocipedist. 1869. *The velocipede: its history and how to use it.* Crane Court: J. Bruton.

Boden, William. c.1874. *Practical hints on bicycle riding.* London: William John Boden.

Bottomley, Joseph Firth. 1869. *The velocipede: its past, its present, and its future.* London: Simpkin Marshall and Co.

Chandler, Alfred D. 1881. *A bicycle tour in England and Wales, made in 1879 by the president, Alfred D. Chandler, and captain John C. Sharp, jr. of the Suffolk bicycle club of Boston, Mass.* Boston: A. Williams & Co.

Black, Adam and Charles. 1846. *Black's picturesque tourist and road-book of England and Wales: with a general travelling map charts of roads, railroads, and interesting localities and engraved views of the scenery.* Edinburgh: Adam and Charles Black.

——. 1868. *Black's guide to England and Wales: containing plans of all the principal cities, charts, maps, and views, and a list of hotels.* Edinburgh: Adam and Charles Black.

——. 1883. *Black's road and railway guide to England and Wales, containing plans of the principal cities, maps and charts, and a list of hotels. 12th ed.* Edinburgh: Adam and Charles Black.

Davis, Alexander. 1869. *The Velocipede: its history, and practical hints how to use it.* London: A. Davis.

Great Britain. 1891. *Census of England and Wales. 1891.* London: H. M. Stationery Office.

——. 1912. *Census of England and Wales. 1911.* London: H. M. Stationery Office.

Griffin, H. H. 1877. *Bicycles of the year, 1877: being full descriptions of all the principal makes of bicycles and improvements introduced this season.* London:'The Bazaar'Office.

——. 1880. *Bicycles of the year, 1879-80.* London: L. Upcott Gill,'The Bazaar' Office.

——. 1881. *Bicycles and tricycles of the year 1881.* London: L. Upcott Gill,'The Bazaar' Office.

——. 1884a. *Bicycles of the year, 1884.* London: L. Upcott Gill.

——. 1884b. *Tricycles of the year, 1884.* (*Second series*). London: L. Upcott Gill.

——. 1885. *Tricycles of the year, 1885.* London: L. Upcott Gill.

——. 1886. *Bicycles & tricycles of the year 1886.* London: L. Upcott Gill. [1st ed. rep. in 1971, Otley: Olicana Books Ltd.]

——. 1889. *Bicycles and tricycles of the year 1889: being a chronicle of the new inventions and improvements introduced this year in the manufacture of bicycles and tricycles: designed also to assist intending.* London: L. Upcott Gill. [rep. in 1985]

Griffin, H. H., & L. C. Davidson. 1890. *Cycles and cycling.* New York; London: Frederick A. Stokes Co.; George Bell & Sons.

Hillier, G. Lacy. 1884."The Development of Cycling", *Longman's Magazine,* 3 (17) : 480-494.

Hillier, George Lacy, & Earl of William Coutts Keppel Albemarle. 1887. *Cycling. Badminton library of sports and pastimes.* London: Longmans Green and Co.

Hillier, George Lacy, & K.C.M.G. 1889. *Cycling. 2nd ed. Badminton library of sports and pastimes.* London: Longmans Green and co.

——. 1891. *Cycling. 3rd ed. Badminton library of sports and pastimes.* London: Longmans Green and co.

Hillier, George Lacy, & the Right Hon. the Earl of Albemarle. 1896. *Cycling. new ed. Badminton library of sports and pastimes.* London: Longmans Green and Co.

Howard, Charles. 1884. *The Roads of England and Wales, Fourth edition.* London: Letts & Co.

——. 1889. *The Roads of England and Wales; an itinerary for cyclists, tourists, & travellers. 5th ed.* London: Mason & Payne; Hutchinson & Co.

Harry R. G. 1897. *The Contour road book of Scotland, a series of elevation plans of the roads, with measurement and descriptive letterpress.* Edinburgh: Gall and Inglis.

——. 1898. *The Contour road book of England: South-East division.* London: Gall and Inglis.

——. 1900a. *The Contour road book of England: Northern division.* Edinburgh: Gall and Inglis.

——. 1900b. *The contour road book of England: Western division including Wales.* London.

Love, William. 1869. *The velocipede, how to use it.* Glasgow: William Love.

Mogg, Edward. 1826. *Paterson's roads: being an entirely original and accurate description of all the direct principle cross roads in England and Wales, with part of the roads of Scotland. 18th ed.* London: Printed for Longman Rees Orme Brown and Green.

Muir, Andrew. c.1869. *The Velocipede ; How to learn and how to use it, with illustration, prices &c.* Manchester: Andrew Muir, Victoria Bridge Works, Salford.

Nairn, C. W., & C. J. Fox. 1878. *The Bicycle Annual for 1878.* London; Coventry.

——. 1879. *The Bicycle Annual for 1879.* London; Coventry.

Nairn, C. W., & Henry Sturmey. 1883. *The Cyclist and Wheel World Annual 1883.* Coventry; London: Iliffe & Son.

——. 1884. *The Cyclist and Wheel World Annual 1884.* Coventry; London: Iliffe & Son.

Nauticus. 1880. *Nauticus on his Hobby Horse, or, the adventures of a sailor during a tricycle cruise of 1427 miles.* London: William Ridgway.

Pennell, J, & E. R. Pennell. 1885. *A Canterbury pilgrimage, ridden, written and illustrated by Joseph and Elizabeth Robins Pennell.* London: Seeley.

Practical bicyclist. 1882. *The bicycle, and how to ride it.* London: Ward Lock and Co. Ltd.

Richardson, Benjamin Ward. 1885. *The tricycle in relation to health and recreation.* London: Isbister.

Roberts, Derek. 1980. *The Years of the high bicycle: a compilation of catalogues from 1877-1886.* J. Pinkerton.

Rudge Cycle Co. 1889. *Bicycles and tricycles: illustrated price list.* Coventry: Rudge Cycle Co.

anno. (Salamon, N.) 1970. *Bicycling 1874 : a textbook for early riders.* New York: Taplinger Pub. Co. [originally published in 1874, *Bicycling: its rise and development, a text book for riders.* London: Tinsley Bros.]

Scott, Robert Pittis. 1889. *Cycling art, energy and locomotion.* Philadelphia: Lippincott.

Sharp, Archibald. 1896. *Bicycles & tricycles: a classic treatise on their design and construction.* London; New York: Longmans, Green. [rep. in 2003, New York: Dover Publications.]

Spencer, Charles. 1876. *The modern bicycle: containing instructions for beginners, choice of a machine, hints on training, road book for England, Wales, &c., &c.* London; New York: Frederick Warne and Co.; Scribner Welford and Armstrong.

——. 1881. *The bicycle road book: compiled for the use of bicyclists and pedestrians: being a complete guide to the roads and cross roads of England, Scotland, and Wales: giving the best hotels, population of the towns, &c.* New and revised ed. London: Griffith and Farran.

——. 1883. *Bicycles & tricycles past and present: a complete history of the machines from their infancy to the present time with hints on how to buy and how to ride a bicycle or a tricycle.* London; New York: Griffith & Farran; E. P. Dutton & Co. [rep. in 1996, Piedmont: Cycling Classics, intro. by Nick Clayton]

——. 1885. *The'cyclists'road book. new and rev. ed.* London: Griffith, Farran, Okeden, & Welsh.

Stevens, Thomas. 1887. *Around the world on a bicycle Vol. 1, From San Francisco to Teheran.* New York: C. Scribner's Sons.

——. 1888. *Around the world on a bicycle Vol. 2, from Teheran to Yokohama.* New York: C. Scribner's Sons.

Sturmey, Henry. 1883. *The tricyclists' indispensable annual and handbook a guide to the pastime, and complete cyclopaedia on the subject. 3d ed.* Coventry: Iliffe; Hartford The Overman Wheel Co.

——. 1885. *Sturmey's indispensable handbook to the safety bicycle, treating of safety bicycles, their varieties, construction and use.* London: Iliffe & Son.

——. 1887. *The'Indispensable'bicyclist's handbook, a complete cyclopaedia upon the subject of the bicycle and safety bicycle, and their construction, 6th ed.* London: Iliffe & Son.

Velox. 1869. *Velocipedes bicycles and tricycles: How to make and how to use them. With a sketch of their history, invention and progress.* Wakefield: S. R. Publishers Limited.

*The Autocar*

*The Cycle*

*Outing*

*Outing and Wheelman*

*The Times*

*The Wheel World*

*The Wheelman*

**二次資料（自転車関連）**

Alderson, Frederick. 1972. *Bicycling a history.* New York: Praeger.

Allen, Thomas Gaskell, & William Lewis Sachtleben. 2003. *Across Asia on a bicycle: the journey of two American students from Constantinople to Peking.* Ed. by M. W. Perry. 1st ed. Seattle: Inkling Books.

Bartleet, Horace William. 1931. Bartleet's bicycle book. London: J. Burrow & Co.

——. 1983. *Bartleet's bicycle book.* London: J. Pinkerton. [ed. by Derek Roberts & John Pinkerton.]

Berto, Frank J., Ron Shepherd, & Raymond Henry. 2000. *The dancing chain: history and development of the derailleur bicycle.*

San Francisco; Poole: Van der Plas; Chris Lloyd.

Boulton, Jim. 1988. *Wolverhampton Cycles and Cycling.* Wolverhampton: Brian Publications.

Bowden, G. H. 1975. *The story of the Raleigh cycle.* London: Allen.

Burgwardt, Carl F. 2001. *Buffalo's bicycles. 1st ed.* New York: Pedaling History Bicycle Museum.

Caidin, Martin, & Jay Barbree. 1974. *Bicycles in war.* New York: Hawthron.

Card, Peter W. 1987. *Early Vehicle Lighting.* Oxford: Shire Publications Ltd.

Caunter, C. F. 1972. *The history and development of cycles.* London: Science Museum London.

Demaus, A. 1977. *Victorian and Edwardian cycling & motoring from old photographs.* London: B. T. Batsford.

Demaus, A., & J. C. Tarring. 1989. *The Humber story: 1868-1932.* Gloucester: Sutton.

Durry, Jean. 1977. *The Guinness guide to bicycling.* London: Guinness Superlatives. [ed. by J. B. Wadley.]

Freeman, Tony. 1991. *Humber: an illustrated history 1868-1976.* London: Academy Books.

Geist, Roland C. 1978. *Bicycle people.* Washington: Acropolis Books.

Grew, W. F. 1921. *The cycle industry: its origin, history and latest development.* Lonon: Sir Issac Pitman & Sons, Ltd.

Hadland, Tony. 1987. *The Sturmey-Archer story.* Oxfordshire: Tony Hadland.

Harmond, Richard. 1971."Progress and flight: An interpretation of the american cycle craze of the 1890's", *Journal of Social History*, 5（2）: 235-257.

Harrison, A. E. 1969."The competitiveness of the british cycle industry, 1890-1914", *The Economic History Review*, 22（2）: 287-303.

——. 1981."Joint-stock company flotation in the cycle, motor-vehicle and related industries, 1882-1914", *Business History*, 23（2）: 165-190.

——. 1982."F. Hopper and Co.: the problems of capital supply in the cycle manufacturing industry, 1891-1914", *Business History*, 24（1）: 3-23.

——. 1985."The origins and growth of the UK cycle industry to 1900", *Journal of Transport History*, 6（1）: 41-70.

Henderson, N. G. 1977. *Centenary 78: the story of 100 years of organised British cycle.* Yorkshire: Kennedy Brothers Publishing.

Henderson, N. 1971. *Cyclepedia a unique reference guide to the major cycling events and their winners.* Silsden（Eng.）: Kennedy Brothers.

Herlihy, David. 2004. *Bicycle: the history.* New Haven: Yale University Press.

——. 2010. *The lost cyclist: the epic tale of an American adventurer and his mysterious disappearance*. Boston: Houghton Mifflin Harcourt.

Joseph, Lionel, & Derek Roberts. 1997. *The first century of the bicycle and its accessories: compiled from the archives of the Cyclists' Touring Club*. Forest Green: L. Joseph.

Leete, Harley. 1970. *The best of Bicycling!* New York: Trident Press.

Lightwood, James T. 1928. *The Cyclists' Touring Club: being the romance of 50 years' cycling*. London: Cyclists' Touring Club.

Maree, D. R. 1977. *Bicycles during the Boer War, 1899-1902*. Johannesburg: National Museum of Military History.

McCullagh, James C., & David Gordon Wilson（ed.）. 1977. *Pedal power in work, leisure, and transportation*. Emmaus（PA.）: Rodale Press.

McGurn, James. 1987. *On your bicycle: an illustrated history of cycling*. New York: Facts on File Publications.

Norcliffe, Glen. 2001. *The ride to modernity: the bicycle in Canada, 1869-1900*. Toronto: University of Toronto Press.

——. 2006."Associations, Modernity and the Insider-citizens of a Victorian Highwheel Bicycle Club", *Journal of Historical Sociology*, 19（2）: 121-150.

Oakley, William. 1977. *Winged wheel: the history of the first hundred years of the Cyclists' Touring Club*. Godalming: Cyclists' Touring Club.

Oliver, Smith Hempstone, & Donald H. Berkebile. 1974. *Wheels and wheeling*. Washington: Smithsonian Inst. Pr.

Perry, D. 1995. *Bike cult: the ultimate guide to human-powered vehicles*. New York: Four Walls Eight Windows.

Pinkerton, John. 1983. *At your service: a look at carrier cycles*. John Pinkerton.

——. c.1987. *Sunbeam Centenary 1887-1987*. John Pinkerton.

Pinkerton, John, & Derek Roberts. 1982. *Sunbeam cycles: the story from the catalogues vol. 1, 1887-1895*. Birmingham: John Pinkerton.

——. 1982. *Sunbeam cycles: the story from the catalogues vol. 2, 1896-1907*. Birmingham: John Pinkerton.

——. 1998. *A history of Rover Cycles*. Birmingham: D. Pinkerton.

Rennert, Jack. 1973. *100 years of bicycleposters*. New York: Darien.

Ritchie, Andrew. 1975. *King of the road: an illustrated history of cycling*. London: Wildwood House.

——. 1999."The Origins of Bicycle Racing in England: Technology, Entertainment, Sponsorship and Advertising in the Early History of the Sport", *Journal of Sport History*, 26（3）: 489-520.

——. 2011. *Quest for Speed: A History of Early Bicycle Racing 1868-1903.* San Francisco: Cycle Publishing / Van der Plas Publications.

Roberts, Derek. 1975. *The invention of bicycles & motorcycles.* London: Usborne.

Rosen, Paul, Peter Cox, & David Horton（ed.）2007. *Cycling and society.* Aldershot（Eng.）; Burlington: Ashgate.

Rubinstein, David. 1977."Cycling in the 1890s", *Victorian Studies*, 20（1）: 47-71.

Saul, S. B. 1962."The Motor Industry in Britain to 1914", *Business History*, 5: 22-44.

Smith, Robert. 1972. *A social history of the bicycle, its early life and times in America.* New York: American Heritage Press.

Street, R. 1979. *Victorian high-wheelers: the early social life of the bicycle where Dorset meets Hampshire.* Sherborne: Dorset Pub. Co.

Taylor, Major. 1972. *The fastest bicycle rider in the world: the autobiography of Major Taylor.* Abridged ed. Brattleboro（Vt.）: S. Greene Press.

Vale, Henry Edmund Theodoric. 1924. *By shank and by crank.* Edinburgh: W. Blackwood.

Zheutlin, Peter. 2007. *Around the world on two wheels: Anne Londonderry's extraordinary ride.* New York: Kensington Pub.

*Cycle history*

**二次資料（自動車関連）**

Bennett, Elizabeth, Veteran Car Club of Great Britain. 2000. *Thousand mile trial.* Heathfield: E. Bennett.

Bird, Anthony. 1960. *The motor car, 1765-1914.* London: Batsford.

Boulton, Jim. 1995. *Black Country road transport.* Stroud: Alan Sutton.

Buchanan, Colin Douglas. 1958. *Mixed blessing: the motor in Britain.* London: Leonard Hill.

Diack, Hunter, & R. F. Mackenzie. 1935. *Road Fortune.* London: Macmillan & Co.

Du Cros, Arthur. 1938. *Wheels of fortune, a salute to pioneers.* London: Chapman & Hall.

Duncan, Herbert O., & Ernest Vavin. 1926. *The World on Wheels. [A history of the automobile industry. By H. O. Duncan, with the collaboration of Ernest Vavin].* Paris: H. O. Duncan.

Flower, Raymond, & Michael Wynn Jones. 1981. *100 years on the road: a social history of the car.* New York: McGraw-Hill.

Georgano, G. N. 1985. *The New encyclopedia of motorcars, 1885 to the present.* New York: Dutton.

Georgano, G. 1995. *Britain's motor industry: the first hundred years. 1st ed.* Somerset: Foulis.

Hough, Richard, & L. J. K. Setright. 1966. *A history of the world's motorcycles.* New York: Harper & Row.

Kaye, David. 1972. *The pocket encyclopaedia of buses and trolleybuses before 1919.* London: Blandford Press.

Koerner, Steve. 1995."The british motor-cycle industry during the 1930s", *Journal of Transport History*, 16（1）: 55-76.

Lessner, Erwin Christian. 1956. *Famous auto races and rallies. 1st ed.* New York: Hanover House.

May, George. 1990. *The Automobile industry, 1896-1920.* New York: Facts on File.

McMillan, James. 1989. *The Dunlop story: the life, death, and re-birth of a multi-national.* London: Weidenfeld and Nicolson.

Montagu of Beaulieu, Edward, & David Burgess-Wise. 1995. *Daimler century: the full history of Britain's oldest car maker.* Sparkford: Patrick Stephens.

Morgan, Bryan. 1965. *Acceleration: the Simms story from 1891 to 1964.* London: Newman Neame.

Nixon, St. John Cousins. 1947. *Daimler, 1896-1946: a record of fifty years of the Daimler Company.* London: G. T. Foulis & Co.

——. 1955. *The Simms story from 1891.* London: Whitehead Morris Ltd.

Noble, Dudley, & Gordon Mackezie Junner. 1946. *Vital to the life of the nation: Britain's Motor Industry, 1896-1946.* Society of Motor Manufacturers and Traders.

Plowden, William. 1971. *The motor car and politics, 1896-1970.* London: Bodley Head.

Pound, Arthur. 1934. *The turning wheel the story of General Motors through twenty-five years, 1908-1933.* New York: Doubleday, Doran & Co.

Rae, John B. 1959. *American automobile manufactures: the first forty years.* Philadelphia: Chilton Co.

Ray, John Phillip. 1966. *A history of the motor car. 1st ed.* Oxford; New York: Pergamon Press.

Richardson, Kenneth, & C. N. O'Gallagher. 1977. *The British motor industry, 1896-1939.* London: Archon Books.

Roberts, Peter. 1977. *A pictorial history of the automobile.* New York: Grosset & Dunlap.

Rose, Gerald. 1949. *A record of motor racing, 1894-1908.* new ed. Abingdon: Motor Racing Publications.

Saul, S. B. 1962."The motor industry in Britain to 1914", *Business History*, 5（1）: 22-44.

Thomas, John Lewis. 1968. *Road traffic law*（*ninth edition*）. London: Police Review Publishing Co.

Wood, Jonathan. 1988. *Wheels of misfortune: the rise and fall of the British motor industry.* London: Sidgwick & Jackson.

Wren, J. A., & G. J. Wren. 1979. *Motor trucks of America. 1st ed.* Detroit: Motor Vehicle Manufacturers Association of the

United States.

## 二次資料（その他）

Aldcroft, Derek Howard. 1968. *The development of British industry and foreign competition, 1875-1914: studies in industrial enterprise.* London: Allen & Unwin.

Allen, G. C. 1966. *The industrial development of Birmingham and the Black Country, 1860-1927.* New York: Frank Cass & Co. Ltd.

Bailey, Peter. 1978. *Leisure and class in Victorian England: rational recreation and the contest for control, 1830-1885.* London; Buffalo: Routledge & K. Paul; University of Toronto Press.

Clark, Peter, & Martin J. Daunton（ed.）. 2000. *The Cambridge urban history of Britain.* Cambridge: Cambridge University Press.

Floud, Roderick. 1976. *The British machine tool industry, 1850-1914.* Cambridge; New York: Cambridge University Press.

Fraser, W. H., & Clive H. Lee（ed.）. 2000. *Aberdeen, 1800-2000: a new history.* East Linton, Scotland: Tuckwell Press.

Freeman, Michael J., & Derek Howard Aldcroft（ed.）. 1983. *Transport in the industrial revolution.* Manchester; Dover: Manchester University Press.

——. 1988. *Transport in Victorian Britain.* Manchester; New York: Manchester University Press; Distributed exclusively in the U.S.A. and Canada by St. Martin's Press.

Horrall, Andrew. 2001. *Popular culture in London c. 1890-1918: the transformation of entertainment.* Manchester; New York: Manchester University Press; Distributed exclusively in the USA by Palgrave.

Hutchinson, John. 1981. *The football industry.* Glasgow: Richard Drew.

Inglis, Simon. 1987. *The football grounds of Great Britain.* New ed. London: Willow.

Lowerson, John. 1993. *Sport and the English middle classes, 1870-1914.* Manchester; New York: Manchester University Press; St. Martin's Press.

Reed, David. 1997. *The popular magazine in Britain and the United States 1880-1960.* London: British Library.

Reid, Helen. 2005. *Life in victorian Bristol.* Bristol: Redcliffe

Romer, Carrol. 1922. *The metropolitan traffic manual containing the law relating to road, river and air traffic in London and elsewhere.* London: Printed by H. M. Stationery Office for the Receiver for the Metropolitan Police District.

Speake, Jennifer. 2003. *Literature of travel and exploration: an encyclopedia, vol. 1, A-F.* New York: Fitzroy Dearborn.

Stephens, William. 1969. *A History of the county of Warwick.* London: Oxford University Press.

Timmins, Samuel, British Association for the Advancement of Science. 1866. *The resources, products, and industrial history of Birmingham, and the midland hardware district: a series of reports.* London: R. Hardwicke（rep. by Frank Cass & Co.).

Ward, David. 1964."A comparative historical geography of streetcar suburbs in Boston, Massachusetts and Leeds, England: 1850-1920", *Annals of the Association of American Geographers*, 54（4）（Dec.）: 477-489

Wigglesworth, Neil. 1996. *The evolution of English sport.* London; Portland（Or.）: Frank Cass.

Woodruff, William. 1958. *The rise of the British rubber industry during the nineteenth century.* Liverpool: Liverpool University Press.

# あとがき

十九世紀イギリスにおける自転車は、安全性や快適性を含めた各種性能の向上に加え、当時のサイクリストたちの努力もあって、公道を走行する趣味的な乗り物としての地位を獲得していった。その後の十九世紀末から二十世紀にかけて、自転車はよりひろく利用者を得て、普及していくこととなるが、本書で取り上げた時期に、すでにその下地となる環境の整備が進んでいたのであった。

自転車が登場してくる以前には、道路を公共的もしくは商業的な目的を持たずに走行する乗り物は、ごく一部の階層の人々が所有していた私用の馬や馬車に限られていた。そこへ新たに、馬や馬車よりも格段に少ない経済的負担で所有可能な自転車が現れ、馬車を中心とした既存の道路使用者と摩擦を起こすこととなった。私用においても公用においても、馬車と置き換わる形で当初の普及が進んだ自動車とは、大きく立場が異なっていた。

現代もしくは近年の日本では、自転車は比較的安価で手軽な乗り物であるがゆえ、他の道路使用者との軋轢が大きな問題となっている。自転車自体は安全で快適で安価な乗り物へと発展したが、駐輪スペースの不足や走行する道路空間の整備不足といった環境的な要因と、利用者のモラルの不足とがあいまって、自転車利用の実際においては、安全性や快適性が低下してきているとすら言えよう。

日本における自転車使用の歴史は、とりわけ現代へと直接的につながっている第二次大戦後の状況を考えると、主に実用物として使用されることにより普及が進んできた。いささか逆説的ではあるが、趣味的な使用の延長として自転車の使用が進んだのではなく、実用的な使用の延長として趣味的な自転車の使用が進んだために、日本では、自転車をとりまく環境と、利用者のモラルが共に未熟なままにとどまってきたのかもしれない。もちろん、現代にいたるまで、多くの人々によって、自転車をとりまく環境と利用者のモラルとを向上させるための個人的組織的な努力がなされてきたのは確かであるが、残念ながらその努力が実っているとは言い難い状況にある。

しかし、ここ数年で進行してきたロードレーサーなどの趣味的な自転車の増加は、今後、日本にあらためて、自転車文化を根付かせる下地となっていく可能性を秘めている。時代的にも環境的にも状況が大きく異なるとはいえ、現代の日本で趣味的に自転車を使用する人々は、十九世紀のイギリスで自転車に乗り始めた人々が持っていたような開拓者としての意識を持って、自転車とサイクリストの社会的地位向上を目指していくことを、求められているのではないだろうか。

本書では、十九世紀に使用された前輪の大きな自転車という、その存在は著名であるにもかかわらず、英米の文献をみても、まとまった詳細な研究があまり進んでいない事物について、その全体像と存在意義を明らかにすることを主たる目的とし、一定の成果を上げることができたと考えている。自転車が所与のものでなかったこの時代についての理解を深めることは、この乗り物があまりにも身近となっている現代を生きる我々にとっても、あらためて謙虚な気持ちで、社会と自転車との関係を考え直す助けとなるであろう。

むろん、ほとんどの方々は、十九世紀のイギリスもしくは自転車への趣味的興味から、本書を手に取られたのだと思う。この本をきっかけとして、十九世紀のイギリスに興味を持っていた方が自転車への興味を深め、自転車に興味を持っていた方が十九世紀のイギリスへの興味を深めていただければ、著者としては幸甚の至りであり、それだけでも本書を世に出した意味があるのではないかと考えている。

本書は、二〇一一年に京都大学に提出した博士論文『オーディナリ型自転車の時代』を加筆、修正したもので、いくつかの新たな知見を加え、あまりに委細な話題については割愛した。本文中で多くの英語文献を紹介しつつ、それらを縦書きの日本語で記したために、読みにくくなった部分もあるかもしれないが、ご容赦願いたい。巻末や注で参考文献としてふれるにとどまらず、あえて本文中で英語文献を積極的にとりあげていったのは、いまや本書で紹介した十九世紀イギリスの書籍の多くが、インターネット経由で、誰でも無料で電子版を入手できる世の中になったという状況をふまえてのことでもある。

私が十年ほど前にこの研究に首を突っ込むこととなったきっかけは、速度計の歴史に興味を持ち、資料を探しに愛知の「トヨタ博物館」の図書室と、現在は目黒駅前に移転した「自転車文化センター」の図書室を訪ねた際に、それぞれで多くの貴重な図書雑誌資料を自由に閲覧させていただくという幸運な出会いを得たことによるものであった。両図書室の所蔵資料の密度の濃さと、他で入手困難な貴重な蔵書の多さは、資料の電子化が進み、また洋古書が用意に検索注文可能となった近年においても、さらにその存在価値が増してきているほどだが、従来は海外の図書館にしか存在していなかった資料を、容易に入手し利用できるようになってきているのもまた事実である。本書で紹介した十九世紀の自転車についての書籍には、図版も豊富に掲載されており、英語が苦手な方でも楽しめるものとなっているので、ぜひお手元で確認していただければと思う。

本書を書き上げるにあたっては、先に挙げた両施設とそのスタッフの方々はもちろん、恩師や友人や家族をはじめ、さまざまな方に助けられてきた。また、出版にあたっては、平成二十六年度京都大学人間・環境学研究科人文・社会系若手研究者出版助成を受け、共和国に労をとっていただいた。末尾ではあるが、ここに謝意を記す。

二〇一五年一月

坂元正樹

| | | | |
|---|---|---|---|
| 1888 | Meriwether, Lee | Some Bicycle Jaunts in Europe and America. Lee Meriwether | 1 |
| 1889 | Pennel, Joseph | How to Cycle in Europe | 1 |
| 1889 | Wilson, Faed | How Cycling Road Records are Made in England | 2 |
| 1889 | Fosdick, William | A Wheelman's Fatalities. An Account of a Summer Ramble in Normandy | 1 |
| 1889 | Dodge, Charles Richard | A Tricycle Tour in the Essex County | 1 |
| 1889 | Halliday, Annetta J. | Wheeling Through the Land of Evangeline | 1 |
| 1890 | Darrow, P. C. | Our Home-Made Trip to England | 1 |
| 1890 | Fosdick, J. W. | Wheel and Camera in Normandy | 2 |
| 1890 | Farwell, Frank M. | A Summer in Europe a-Wheel | 3 |
| 1890 | Stokes, Alfred (Dr.) | A Morning in the Country a-Wheel | 1 |
| 1890 | Stokes, Alfred C. (Dr.) | Round and about my Home | 1 |
| 1891 | Howarth, Osbert | Cycling in Mid Atlantic, with Rod, Gun and Camera | 2 |
| 1891 | Owen, W. O. | The First Bicycle Tour of the Yellowstone National Park | 1 |
| 1892 | Trevathan, Chas. E. | Cycling in Mid Pacific | 2 |
| 1892 | Fosdick, J. W. | By Wheel from Havre to Rouen | 2 |
| 1892 | Martha | We Girls Awheel Through Germany | 1 |
| 1892 | Workman, Fanny B. | Bicycle Riding in Germany | 1 |
| 1892-7 | Lenz, Frank G. | Around the World with Wheel and Camera (Lenz's World Tour Awheel, 1893-) | 54 |
| 1893 | Green, Henry Irving | Bicycling on Pablo Beach | 1 |
| 1893 | Jess | Awheel to San Gabriel at Easter | 1 |
| 1893 | Denison, Grace E. | Through Erin Awheel | 6 |
| 1893 | Smith, Gilman P. | Cycling on Mt. Washington | 1 |
| 1894 | Eric, Alan | Jamaica for Cyclists | 1 |
| 1894 | Terry, T. Phillip | In Aztec Land Awheel | 1 |
| 1894 | Wordon, J. Perry | Touring in Europe on Next to Nothing | 6 |
| 1894 | Carrington, J. B. | A Bluegrass Cycling Tour | 3 |
| 1894 | Stuart, Percy C. | Bicycling in Bermuda | 1 |
| 1895 | Dr. Eugene Murray-Aaron | In Banana-Land Awheel | 1 |
| 1895 | Stuart, Percy C. | Cycling in the White Mountains | 1 |
| 1895 | Ingersoll, Ernest | Cycling on the Paisades of the Hudson | 1 |
| 1895 | Ingersoll, Ernest | My First Bicycle Tour. (The Adventures of a Learner) | 2 |

Outing（1883 Apr. ～ 1885 Mar., 1886 Jan. ～ 1895 Dec.）より作成

附録 2–2 ◎『アウティング』誌に掲載された自転車旅行記の一覧表（1883 ～ 1895 年）

2–2–1



| 年代 | 著者 | 記事名 | 回数 |
|---|---|---|---|
| 1883 | McClure, J. F. | A Trip Through Eastern Pennsylvania | 1 |
| 1883 | Oliver, Edwin | The Citizens' Trip to Boston | 1 |
| 1883 | Ayers, B. B. | The Canada Tour | 1 |
| 1883 | De Villers, P. | Cycling in France | 3 |
| 1883 | Burn, E. H. | Cycling in New Zealand | 1 |
| 1883 | McClure, J. F. | Cycling 'Round The Circle | 1 |
| 1883 | Parkhurst, H. E. | A Bicycle Tour in Tyrol and Switzerland | 1 |
| 1883 | Wells, A. J. | The Tricycle in California | 1 |
| 1883 | Hart, H. B. | The Bicycle in Philadelphia | 1 |
| 1883 | Marsh, John B. | From Paris to Geneva | 1 |
| 1883 | Kron, Karl | My Two Hundred and Thirty-Four Rides on No. 234. | 1 |
| 1883 | Hazlett , C. A. | Pedalling on the Piscataqua | 1 |
| 1883 | McClure, J. F. | A Trip Through Eastern Pennsylvania | 1 |
| 1883 | Owen, Wm. O. | A Summer Ramble Among the Black Hills | 1 |
| 1883 | Seely, L. W. | A Tour to the Natural Bridge | 1 |
| 1883 | Kron, Karl | Winter Wheeling | 1 |
| 1883 | Butler, W. H. | Boston to Buffalo, and Beyond | 1 |
| 1883 | Kron, Karl | The Hills of Kentucky | 1 |
| 1884 | Phillips, John S. | A-Wheeling in Norambega | 2 |
| 1884 | Bates, President | The Great Canada Bicycle Tour | 2 |
| 1884 | Marsh, John B. | The First Tricycle run over the Alps | 1 |
| 1884 | Hume, James C. | En Province ç Cheval Mécanique | 2 |
| 1884 | Dobbins, Frank S. | Tricycling Trips in Tokyo Japan | 1 |
| 1884 | Vinton, C. H. | Rambling Notes of a Bicycle Tour on the Continent | 1 |
| 1884 | Baxter, Sylvester | Wheeling Among the Aztecs | 1 |
| 1884 | Kron, Karl | Nova Scotia and the Islands Beyond | 1 |
| 1884 | Douglass, C. M. | A-Wheel In Three Continents. C. M. Douglass | 1 |
| 1885 | Gilman, Arthur | After The British on a Tricycle | 1 |
| 1885-8 | Stevens, Thomas | Around the World on a Bicycle | 31 |
| 1887 | Batchelde, C. D. | New Hampshire For the Bicycle. C. D. Batchelde | 1 |
| 1887 | Fiske, George F. | Italy From a Bicycle | 1 |
| 1888 | Meriwether, Lee | Some Bicycle Jaunts in Europe and America | 1 |
| 1888 | Wilson, Faed | An Irish Outing, Awheel | 3 |
| 1888 | Daisie | The Ladies' Eastern Tricycle Tour | 1 |
| 1888 | Merril, Howard P. | One Man's Work for Cycling | 1 |

| | | | |
|---|---|---|---|
| 67 | Hammerton, J. A. | 1901 | Tony's Highland Tour |
| 68 | Meakin, Budgett | 1901 | The Land of the Moors |
| 69 | Harper, C. G. | 1902 | Cycle Rides round London |
| 70 | Hastings, Frederick | 1903 | Spins of a Cycling Parson |
| 71 | Jose, A. W. | 1903 | Two Awheel and Some Others Afoot in Australia |
| 72 | Workman, Fanny Bullock and William Hunter Workman | 1904 | Through Town and Jungle: 14,000 Miles Awheel among the Temples and Peoples of the Indian Plain |

Lightwood（1928）, Perry（1995）, Speake（2003）より作成

| | | | |
|---|---|---|---|
| 34 | Allen and Sachtleben | 1895 | Across Asia on a Bicycle |
| 35 | Callan, Hugh | 1895 | From the Clyde to the Jordan: Narrative of a Bicycle Journey |
| 36 | Cavan, Earl of | 1895 | With Yacht, Camera and Cycle in the Mediterranean |
| 37 | Crockett, S. R. | 1895 | Sweetheart Travelers |
| 38 | Harper, Charles | 1895 | The Dover Road, and Portsmous Road |
| 39 | Jefferson, Robert L. | 1895 | A wheel to Moscow and Back: The Record of a Record Cycle Ride |
| 40 | Winder, Tom | 1895 | Around the United States by Bicycle |
| 41 | Workman, Fanny Bullock and William Hunter Workman | 1895 | Algerian Memories: A Bicycle Tour over the Atlas to the Sahara |
| 42 | Chilosa | 1896 | Waif and Stray: The Adventures of Two Tricycles |
| 43 | Davidson, Lillias | 1896 | Handbook for Lady Cyclists |
| 44 | Inglis, Harry R. G. | 1896 | The Contour Road Book of Scotland |
| 45 | James, Charles | 1896 | Two on a Tandem, Being the... Account of the Tour of Two Men on a Bicycle |
| 46 | Jefferson, Robert L. | 1896 | Across Siberia on a Bicycle |
| 47 | Wells, H. G. | 1896 | The Weels of Chance: A Holiday Adventure |
| 48 | Edwardes, C. | 1897 | In Jutland with a Cycle |
| 49 | Jerome, Jerome K. | 1897 | The Humours of Cycling |
| 50 | Murif, Jerome J. | 1897 | From Ocean to Ocean: Across a Continent on a Bicycle: An Account of Solitary Ride from Adelaide to Port Darwin |
| 51 | Pollock, Wilfred | 1897 | War and a Wheel: The Graeco-Turkish War as Seen from Bicycle |
| 52 | Workman, Fanny Bullock and William Hunter Workman | 1897 | Sketch Awheel in Fin de Siecle Iberia |
| 53 | Burke, W. S. | 1898 | Cycling in Bengal |
| 54 | Pennell, Elizabeth Robins | 1898 | Over The Alps on a Bicycle |
| 55 | Reid, W. J. | 1898 | London to Pekin Awheel |
| 56 | Fraser, J. Foster | 1899 | Round the World on a Wheel |
| 57 | Jefferson, Robert L. | 1899 | Through a Continent on Wheels |
| 58 | Jefferson, Robert L. | 1899 | A New Ride to Khiva |
| 59 | Pennell, Elizabeth and Joseph | 1899 | Two Pilgrims Progress |
| 60 | Boddy, A. A. | 1900 | Days in Galilee |
| 61 | Boddy, A. A. | 1900 | From Egyptian Ramleh |
| 62 | Freeston, C. L. | 1900 | Cycling in the Alps: A Practical Guide |
| 63 | Garrison, W. W. | 1900 | Wheeling Through Europe |
| 64 | Jerome, Jerome K. | 1900 | Three Men on the Bummel |
| 65 | Le Gallienne, Richard | 1900 | Travels in England |
| 66 | Bockett, F. W. | 1901 | Some Literary Landmarks for Pilgrims on Wheels |

## 2–1–1



| no. | 作者 | 出版年 | 書名 |
|---|---|---|---|
| 1 | Booth, C. A. | 1873 | London to Brighton |
| 2 | Ward, A. | 1874 | Thirty Thousand Miles on the Tension |
| 3 | Casella, C. F. | 1877 | Bonn to Metz on Boneshakers |
| 4 | Shuttleworth, W. S. Yorke | 1878 | Eyd Kuhnen to Langenweddingen by Bicycle |
| 5 | Nauticus | 1880 | Nauticus on His Hobby Horse, or the Adventures of a Sailor During a Tricycle Cruise of 1427 Miles |
| 6 | Chandler, Alfred D. | 1881 | A Bicycle Tour in England and Wales |
| 7 | Nauticus | 1882 | Nauticus in Scotland: A Tricycle Tour of 2,462 Miles, Including Skye and the West Coast |
| 8 | Bolton, A. M. | 1883 | Over the Pyrenees on a Bicycle |
| 9 | Erskine, (Miss) F. J. | 1885 | Tricycling for Ladies |
| 10 | Howard, Charles | 1885 | Handy Route Book of England and Wales |
| 11 | Moore, Tom | 1885 | Land's End to John o'Groats on a Tricycle |
| 12 | Pennell, Elizabeth and Joseph | 1885 | A Canterbury Pilgrimage |
| 13 | Freeston, C. L. | 1886 | From Holyhead to London on a Tricycle |
| 14 | Pennell, Elizabeth and Joseph | 1886 | Two Pilgrims' Progress (as "An Italian Pilglimage", 1887) |
| 15 | Callan, Hugh | 1887 | Wanderings on Wheel and on Foot through Europe |
| 16 | Kron, Karl | 1887 | Ten Thousand miles on a Bicycle |
| 17 | Pennell, Elizabeth and Joseph | 1887 | An Italian Pilgrimage |
| 18 | Stevens, Thomas | 1887 | Around the world on a Bicycle, vol. I: From San Francisco to Teheran |
| 19 | Faed [A. J. Wilson] | 1888 | Two Trips to the Emerald Isle |
| 20 | Golder, S. | 1888 | A Tandem Tour in Norway |
| 21 | Nauticus | 1888 | Nauticus in Scotland |
| 22 | Pennell, Elizabeth and Joseph | 1888 | Our Sentimental Journey through France and Italy |
| 23 | Stevens, Thomas | 1888 | Around the world on a Bicycle, vol. II: From Teheran to Yokohama |
| 24 | Burston, G. W. and Stokes, H. R. | 1890 | Round the World on Bicycles |
| 25 | Pennell, Elizabeth and Joseph | 1890 | Our Journey to the Hebrides |
| 26 | Ellington, W. A. | 1891 | Through the Ardennes and Luxemboug on Wheels. |
| 27 | Gibbins, C. H. | 1891 | Our Bicycle Tour in Norway and France |
| 28 | Thwaites, Reuhen Gold | 1892 | Our Cycling Tour in England |
| 29 | Harper, Charles | 1893 | From Paddington to Penzance |
| 30 | Pennell, Elizabeth and Joseph | 1893 | Our Sentimental Journey Through France and Italy |
| 31 | Pennell, Elizabeth Robins | 1893 | To Gipsyland |
| 32 | Cole, Grenville A. J. | 1894 | The Gipsy Road: A Journey from Krakow to Coblentz |
| 33 | Jefferson, Robert L. | 1894 | To Constantinople on a Bicycle: The Story of My Ride |

| | | | | |
|---|---|---|---|---|
| 71 | The King of the Road Roadster | Metropolitan Machinists' Company, Limited | London, E. C. | 16 |
| 72 | The Mezeppa No.2 Roadster | Metropolitan Machinists' Company, Limited | London, E. C. | 5, 10 |
| 73 | The Carver Dwarf Roadster | James Carver | Nottingham | 15, 10 |
| 74 | The Kangaroo Dwarf No. 2 Roadster | Hillman Herbert, and Cooper, Limited, Premier Works | Coventry | 15, 10 (36, 38) |
| 75 | The Premier Auto Dwarf Safety Roadster | Hillman Herbert, and Cooper, Limited, Premier Works | Coventry | 19 |
| 76 | The Premier Universal No. 2 Roadster | Hillman Herbert, and Cooper, Limited, Premier Works | Coventry | 10 |
| 77 | The Premier Universal N0. 1 Roadster | Hillman Herbert, and Cooper, Limited, Premier Works | Coventry | 8 |
| 78 | The Centaur Dwarf Roadster | Centaur Cycle Company | Coventry | 23 |
| 79 | The Stassen Dwarf Roadster | Stassen and Son | London, N. W. | 18 |
| 80 | The Pioneer Semi-Racer | H. J. Pausey | London, S. W. | 18, 18 |
| 81 | The Rapid Racer | St. George's Foundry Company | Birmingham | 17, 10 |
| 82 | The Rapid American Roadster | St. George's Foundry Company | Birmingham | 17 |
| 83 | The Irish and Scotch Express Roadster | J. Devey | Wolvehampton | 10, 10 |
| 84 | The Express No. 2 Roadster | J. Devey | Wolvehampton | 4, 10 |
| 85 | The Invincible Roadracer | Surrey Machinists' Company, Limited | London, S. E. | 19, 10 |
| 86 | The Albion Dwarf Roadster | Warman & Co. | Coventry | 17, 17 |
| 87 | The Royal Mail Einglish Roadster | Roiyal Machine Manufactureing Company, Limited | Birmingham | 20 |
| 88 | The Humber Racer | Marriott and Cooper | London | |
| 89 | The Otto Roadster | J. H. Otto Roadster | | |

Griffin (1886) より作成

| | | | | |
|---|---|---|---|---|
| 46 | The Export Facile Dwarf Safety Roadster | Ellis and Co., Limited | London E.C. | 19, 12 (38)<br>20, 12 (42) |
| 47 | The New Special Export Facile Roadster | Ellis and Co., Limited | London E.C. | |
| 48 | The Boy's Facile Dwarf Safety Roadster | Ellis and Co., Limited | London E.C. | 5, 10 |
| 49 | The Rudge Bicyclette Dwarf Safety Racer | D. Rudge and Co., Limited | Coventry | 23 |
| 50 | The Rudge Bicyclette Dwarf Safety Roadster | D. Rudge and Co., Limited | Coventry | 23 |
| 51 | The Rudge Racer | D. Rudge and Co., Limited | Coventry | 18, 10 |
| 52 | The Special Badger Dwarf Roadster | Thos. Smith and Sons | Birmingham | 21 (36-40) |
| 53 | The Badger Dwarf Roadster | Thos. Smith and Sons | Birmingham | 17 |
| 54 | The Moorgate Dwarf Roadster No. 5 | Cooper, Kitchen, and Co. | London E.C. | 14, 16, 6 |
| 55 | The Moorgate No. 6 Roadster | Cooper, Kitchen, and Co. | London E.C. | 15, 7 |
| 56 | The Moorgate No. 7 Roadster | Cooper, Kitchen, and Co. | London E.C. | 13, 11 |
| 57 | The Balance Safety Roadster | F. Hucklebridge | London | 20 |
| 58 | The Globe Queen Dwarf Safety Roadster | J. and H. Brookes, Cape Works | Birmingham | 16 |
| 59 | The Rover Safety Dwarf Roadster | Starley and Sutton, Meteor Works | Coventry | 20, 15 |
| 60 | The Rover Racer Dwarf Safety | Starley and Sutton, Meteor Works | Coventry | 22 |
| 61 | The Regent Light Roadster | Trigwell, Watson, and Co. | London, S. W. | 17, 7 |
| 62 | The Regent Roadster | Trigwell, Watson, and Co. | London, S. W. | 16, 9 |
| 63 | The Regeny Racer | Trigwell, Watson, and Co. | London, S. W. | 16, 4 |
| 64 | The Regent Dwarf Roadster | Trigwell, Watson, and Co. | London, S. W. | 17, 3 |
| 65 | The Humber Genuine Beeston Racer | Humber and Company | London | 18 |
| 66 | The Humber (Genuine Beeston) Roadster | Humber and Company | London | 20 (54) |
| 67 | The Humber Dwarf Safety Roadster | Humber and Company | London | 21, 10 |
| 68 | The Kaiser Swing-Frame Dwarf Safety Roadster | Griffiths and Company | Coventry | 21 |
| 69 | The Mazeppa Dwarf Roadster | Metropolitan Machinists' Company, Limited | London, E. C. | 12, 8 |
| 70 | The Mazeppa Dwarf No. 2 Roadster | Metropolitan Machinists' Company, Limited | London, E. C. | 9 |

| | | | | |
|---|---|---|---|---|
| 24 | The Sparkbrook Dwarf Roadster | The Sparkbrook Manufacturing Company, Limited | Coventry | 18 |
| 25 | The Gainsboro' Dwarf No. 1 Roadster | J. Hemsworth | | 17 |
| 26 | The Gainsboro' Dwarf No. 2 Roadster | J. Hemsworth | | 14 |
| 27 | The Gainsboro' Roadster | J. Hemsworth | | 12 |
| 28 | The Little Devon Dwarf Safety Roadster | F. Warner-Jones | London | 14 |
| 29 | The Psycho Dwarf Safety Roadster | Sterley Brothers | Coventry | 21（54） |
| 30 | The Acme Excelsior Dwarf Roadster | Bayliss and Thomas | Coventry | 18, 18 |
| 31 | The Harvard Excelsior Dwarf Roadster | Bayliss and Thomas | Coventry | 18, 10 |
| 32 | The Harvard Excelsior Dwarf Racer | Bayliss and Thomas | Coventry | 18, 10 |
| 33 | The Excelsior Dwarf Roadster | Bayliss and Thomas | Coventry | 17 |
| 34 | The Shellard Dwarf Safety Roadster | Shellard and Co. | | 19, 10 |
| 35 | The Northern No. 1 Roadster | North of England Bicycle Company | Newcastle-on-Tyne | 18（52） |
| 36 | The Northern No. 2 Roadster | North of England Bicycle Company | Newcastle-on-Tyne | 12 |
| 37 | The Northern Dwarf Roadster | North of England Bicycle Company | Newcastle-on-Tyne | 18 |
| 38 | The Sanspareil Lever Dwarf Safety Roadster | W. Andrews, Limted | Birmingham | 17, 15 |
| 39 | The American Sanspreil Roadster | W. Andrews, Limted | Birmingham | 17, 15<br>（54 インチ以下） |
| 40 | The Howe Racer | The Howe Machine Campany, Limited | Glasgow | 18, 18 |
| 41 | The Howe Roadster | The Howe Machine Campany, Limited | Glasgow | 17（54） |
| 42 | The Spider Howe Roadster | The Howe Machine Campany, Limited | Glasgow | 19 |
| 43 | The American Howe Roadster | The Howe Machine Campany, Limited | Glasgow | 12 |
| 44 | The Hercules Howe Roadster | The Howe Machine Campany, Limited | Glasgow | 8, 10 |
| 45 | The Albemarle Howe Dwarf Roadster | The Howe Machine Campany, Limited | Glasgow | 18（36）<br>18, 10（38, 40） |

## 1–3–1



Bicycles and Tricycles of the year, 1886

| 番号 | 製品名 | メーカー名 | メーカー所在地 | 価格[£, s., d.]（インチ数） |
|---|---|---|---|---|
| 1 | The Special Club Roadster | Coventry Machinists' Company, Limited | Coventry | 21（54） |
| 2 | The Club Semi Racer | Coventry Machinists' Company, Limited | Coventry | 19, 10 |
| 3 | The Club Racer | Coventry Machinists' Company, Limited | Coventry | 19, 10（58 インチ以下） |
| 4 | The Unversal Club No. 1 Roadster | Coventry Machinists' Company, Limited | Coventry | 13 |
| 5 | The Unversal Club No. 2 Roadster | Coventry Machinists' Company, Limited | Coventry | 10, 10 |
| 6 | The Club Dwarf Roadster | Coventry Machinists' Company, Limited | Coventry | 20 |
| 7 | The Club Dwarf Racer | Coventry Machinists' Company, Limited | Coventry | 20 |
| 8 | The Kingston Dicycle Roadster | C. Kingstone Welch | | 26 |
| 9 | The Howes Tandem Safety Roadster | J. Howes and Sons | | 25 |
| 10 | The Ivel Racer | Dan. Albone, Ivel Cycle Works | Biggleswade, Beds. | 15, 15 |
| 11 | The Ivel Roadster | Dan. Albone, Ivel Cycle Works | Biggleswade, Beds. | 15, 15 |
| 12 | The Ivel Dwarf Light Roadster | Dan. Albone, Ivel Cycle Works | Biggleswade, Beds. | 15, 15 |
| 13 | The Fly Roadster | H. Spraull | | 16 |
| 14 | The 'Xtra Safety Roadster | G. Singer and Co. | Coventry | 20（48-54） |
| 15 | The Miniature 'Xtra Dwarf Safety Roadster | G. Singer and Co. | Coventry | 19（44） |
| 16 | The 'Xtra Crypto Dwarf Safety Roadster | G. Singer and Co. | Coventry | 25 |
| 17 | The Challenge Racer | G. Singer and Co. | Coventry | 20（56） |
| 18 | The Apollo Roadster | G. Singer and Co. | Coventry | 19, 10（54） |
| 19 | The British Callenge Roadster | G. Singer and Co. | Coventry | 18, 15（54） |
| 20 | The Courier Dwarf Safety Roadster | G. Singer and Co. | Coventry | 20, 15 |
| 21 | The Challenge No. 2 Roadster | G. Singer and Co. | Coventry | 12 |
| 22 | The Sparkbrook Roadster | The Sparkbrook Manufacturing Company, Limited | Coventry | 18 |
| 23 | The Sparkbrook Racer | The Sparkbrook Manufacturing Company, Limited | Coventry | 18 |

| | | | | | | |
|---|---|---|---|---|---|---|
| 55 | The City | W. O. Aves | London, E. C. | 43 3/4<br>(54) | 16, 10 | |
| 56 | The Florentine | Thos. Hough | Wolverhampton | 44-45<br>(50) | 7, 10<br>(50) | |
| 57 | The Boys' Emperor | R. Edlin | Leicester | 20<br>(41 子供用) | 10, 10<br>(41) | |
| 58 | The Hollow Fork Britannia | W. G. Lewis and Co. | Romford, Essex | 43<br>(54) | 15, 10<br>(54) | |

Griffin（1881）より作成

| | | | | | | |
|---|---|---|---|---|---|---|
| 37 | The Climax Roadster | W. A. Lloyd and Co. | Birmingham | 43 1/2<br>（50） | 11<br>（50、1 インチごとに2s.追加） | （現金払いの場合は、£10まで値引可能） |
| 38 | The XL All Roadster | W. A. Lloyd and Co. | Birmingham | 45<br>（52） | 6, 5 | |
| 39 | The Endurance Roadster | R. and T. Green | Birmingham | 44<br>（52） | 14, 15 | |
| 40 | The LynnExpress Roadster | James Plowright | Norfork | 47<br>（52） | 15, 15<br>（塗装代を含む） | |
| 41 | The Express, No. 2, Roadster | James Plowright | Norfork | | 11, 10<br>（50、1 インチごとに 5s. 追加） | |
| 42 | The Interchangeable Roadster | Messrs. Palmer and Holland | Birmingham | 29<br>（53 1/2 レーサー） | 14 | |
| 43 | The Skinner Roadster | H. A. Skinner and Co. | Manchester | 41<br>（53 ライト・ロードスター） | 15, 5<br>（53、1インチごとに5s.追加） | |
| 44 | The Manchester Excelsior Roadster | Wm. Robertson | Manchester | 38<br>（51） | 12, 10<br>（51） | 13, 5<br>（光沢仕上げ） |
| 45 | The London Roadster | Messrs. Hickling and Co. | Maidenhead | 46<br>（53） | 17, 10<br>（54、塗装代を含む） | |
| 46 | The Timberlake Roadster | Messrs. Hickling and Co. | Maidenhead | | 15<br>（54） | 20, 5<br>（フルオプション） |
| 47 | The Berkshire Roadster | Messrs. Hickling and Co. | Maidenhead | 44<br>（48） | 10, 10<br>（48） | 11<br>（54、ブレーキ別売 5s.） |
| 48 | The Pilot Roadster | Messrs. Hickling and Co. | Maidenhead | 43-44<br>（54） | 17<br>（54、塗装代別途 £2） | |
| 49 | The Sandringham Roadster | J. Cox and Sons | Norfork（King's Lynn） | 41<br>（52） | 12, 10<br>（52、塗装代を含む） | |
| 50 | The Sandringham, No. 2, Roadster | J. Cox and Sons | Norfork（King's Lynn） | | 9<br>（50） | |
| 51 | The Derby Roadster | E. C. Clarke and Co. | Derby | 36 1/4<br>（50） | 12, 10<br>（50） | |
| 52 | The American Star Roadster | G. W. Pressey | New Jersey, United States | | | |
| 53 | The Otto Roadster | The Otto Bicycle Company | London, E. C. | 70（女性用）<br>82（男性用） | 21 | |
| 54 | The Atlas | T. Handcock | London, E. C. | 42<br>（54） | 16 | |

| | | | | | | |
|---|---|---|---|---|---|---|
| 18 | The Connaught Roadster | Bowers and Cook | Wolverhampton | 46 | 5, 10 | |
| 19 | The Royal Mail Roadster | The Royal Sewing Machine Company | Birmingham | | 15, 7, 6 (塗装代を含む) | |
| 20 | The Royal Mail Racer | The RoyaSewing Machine Company | Birmingham | | 17 | |
| 21 | The Coventry Star Roadster | W. Hosier | Coventry | 41 1/2 | 12, 12 | |
| 22 | The Hanover, No. 1, Roadster | Gribben Brothers | Manchester | 40 (50) | 16, 10 (50) | 17, 10 (光沢仕上げ) |
| 23 | The Hanover, No. 2, Roadster | Gribben Brothers | Manchester | 42 | 14, 10 (54) | 19 (フルオプション) |
| 24 | The Hollow Spoke Roadster | James Carver | Nottingham | 42 (50) | 16, 14 (50、2インチ増すごとに5s.追加) | |
| 25 | The Carver Tourist Roadster | James Carver | Nottingham | | 17, 4 (50、24番からタイヤとスポークを変更) | |
| 26 | The Carver Racer | James Carver | Nottingham | | 16, 19 (54) | |
| 27 | The Solid Spoke Roadster | James Carver | Nottingham | | 16, 14 (54) | 17, 4 (タイヤのゴムを厚いものに変更) |
| 28 | The Tourist Roadster | Burnett and Farrar | Bradford | 44 (52) | 8, 10 (52) | |
| 29 | The Yorkshire Roadster | Burnett and Farrar | Bradford | | 6, 10 | |
| 30 | The Advance, No. 2, Roadster | James Beech | Wolverhampton | 42 | 7, 10 | |
| 31 | The Advance, No. 3, Roadster | James Beech | Wolverhampton | 41 (50) | 6 | |
| 32 | The Alert Roadster | James Beech | Wolverhampton | | 8 (50) | |
| 33 | The Special Express Roadster | Jos. Devey | Wolverhampton | | 7, 10 | |
| 34 | The Tower Roadster | James Beech | Wolverhampton | 45 (50) | 4, 13 (50)<br>5, 3 (60) | 4, 10 (50、ブレーキ別売) |
| 35 | The Meteor Racer | Starley and Sutton | Coventry | 35 (55 レーサー) | 17 (光沢仕上げ) | |
| 36 | A B C, No. 2, Roadster | Acme Bicycle Company | London | 47 1/2 (52) | 18, 18 | |

## 1–2–1



| Bicycles and Tricycles of the year, 1881 | | | | | | |
|---|---|---|---|---|---|---|
| 番号 | 製品名 | メーカー名 | メーカー所在地 | 車体重量［ポンド］（インチ数） | 価格［£, s., d.］（インチ数、オプションなど） | |
| 1 | The Special Club Roadster | Coventry Machinists' Company | Coventry | 43 1/3 | 18, 15 | |
| 2 | The Invincible Racer | Surrey Machinists' Company | London, S. E. | 33 1/2（レーサー） | 16, 10 | |
| 3 | The University Roadster | H. J. Pawsey | London, S. W. | 47 | 15, 12, 6（通常塗装） | 16, 12, 6（光沢仕上げ） |
| 4 | The Wanderer Roadster | H. J. Pawsey | London, S. W. | 50-51 | | |
| 5 | The Exon Roadster | The Exeter Bicycle and Tricycle Company | London, E. C., Brighton | 49 | 13, 13 | |
| 6 | The Humber Racer | Humber, Marriott, and Cooper | Nottingham | 32（レーサー） | 17 | 17, 10（光沢仕上げ） |
| 7 | The Humber Roadster | Humber, Marriott, and Cooper | Nottingham | 43 | 17, 10 | |
| 8 | The Nonpareil Roadster | J. Stassen and Son | London, N. W. | 45 | 16 | |
| 9 | The Arab Roadster | John Harrington and Co. | London, E. C. | 45 | 18, 6 | 15（各種オプションを除く） |
| 10 | The Rawson Roadster | Messrs. Rawson and Greaves | Derby | 33 1/4 | 16, 15 | 17, 3, 6（サスペンションサドル付属） |
| 11 | The Rawson Racer | Messrs. Rawson and Greaves | Derby | 31（レーサー） | 16, 10 | |
| 12 | The Viaduct, No. 1, Roadster | Thos. Smith and Sons | London, E. C. | 46 | 7 | |
| 13 | The Viaduct, No. 3, Roadster | Thos. Smith and Sons | London, E. C. | 46 1/2 | | |
| 14 | The Molineaux Roadster | F. Agnew and Son | Wolverhampton | 44-45（56） | 9 | 8, 10（50インチに限り） |
| 15 | The Special Britannia Roadster | F. Agnew and Son | Wolverhampton | | 6 | 5, 10（50インチに限り） |
| 16 | The Britannia Roadster | F. Agnew and Son | Wolverhampton | 46（50） | 5 | 4, 10（50インチに限り） |
| 17 | The Red Rover Roadster | A. Blackwell | Birmingham | 40 1/4（58） | 10, 10 | |

| | | | | | | |
|---|---|---|---|---|---|---|
| 48 | The Racing Challenge | Singer and Co., Leicester-place | Coventry | | 15 | 16 |
| 49 | The Stanley | Hydes and Wigful | Sheffield | 36-38（54 ロードスター）<br>30（54 レーサー） | 16 | 17 |
| 50 | The Clifton | Thos. Pitcher, Clifton Bicycle Works | Bristol | | 17, 10 | 19 |
| 51 | The London (Price's) | George Price | Wolverhampton | | 17 | 18 |

Griffin（1877）より作成

| | | | | | | |
|---|---|---|---|---|---|---|
| 23 | The Whitehouse Humber | Whitehouse and Co. | Birmingham | 32 (50) | 11 | 12 |
| 24 | The Criterion | W. C. Coke, London Bicycle Agency | London | | 11, 10 | 12 |
| 25 | The Paradigm | Robert Wicks | Surrey | | 12 | 12, 15 |
| 26 | The Will-o'-the-Wisp | F. Hucklebridge | London | | 11, 15 | 12, 5 |
| 27 | The Gladstone | Walter Griffiths, Gladstone Works | Birmingham | | 11, 15 | 12, 5 |
| 28 | The X. L. Stanley | Smith & Sons | Sheffield | | 11, 10 | 12, 10 |
| 29 | The Rudder Excelsior | Bayliss and Thomas | Coventry | 45 (54) | 12 | 13 |
| 30 | The London Desideratum | A. E. Strange and Co. | London, S.E. | 40 (50) | 11 | 13, 10 |
| 31 | The Birkett | Birkett and Barlow | Birmingham | | 12, 10 | 13, 10 |
| 32 | The Don | Donald Brazier | Wolverhampton | 42 (54)<br>34 (56 レーサー) | 12, 12 | 13, 13 |
| 33 | The Defiance | S. Simpson and Son | Mansfield | 42-44 (54 ロードスター) | 12, 16 | 13, 12 |
| 34 | The Special (Combination) | T. F. Toovey and Co. | Croydon | | 12, 15 | 13, 5 |
| 35 | The Swiftsure No. 2 | Haynes and Jefferis, Ariel Works | Coventry | 40 (50) | 12, 16 | 13, 12 |
| 36 | The Ariel No. 2 | Haynes and Jefferis, Ariel Works | Coventry | | 12, 16 | 13, 12 |
| 37 | The Premier | Hillman and Herbert, Premier Bicycle Works | Coventry | | 13, 5 | 13, 15 |
| 38 | The Centaur | Centaur Bicycle Company | Coventry | | 13, 10 | 14, 10 |
| 39 | The Gentlemans | Coventry Machinists' Company | Cheylesmore | 52-54 (56) | 13, 10 | 14, 10 |
| 40 | The Pegasus | J. R. Dedicoat, Pegasus Works | Coventry | | 14, 10 | 15, 10 |
| 41 | The Duplex Excelsior | Bayliss and Thomas | Coventry | 45 (54) | 14, 10 | 15, 10 |
| 42 | The London | Moir | London | 45 (54) | 14, 10 | 15, 10 |
| 43 | The Invincible | Surrey Machinists' Company | London, S.E. | | 15 | 15, 15 |
| 44 | The Tangent | Haynes and Jefferis, Ariel Works | Coventry | 45 (52) | 14, 16 | 15, 12 |
| 45 | The Anti-Corrosive | J. Douglas and Co. | Coventry | | 15 | 16 |
| 46 | The Empress | Wm. Keen | London, S.E. | 42 (50) | 15 | 15, 10 |
| 47 | The Special Challenge | Singer and Co., Challenge Works | Coventry | | 15 | 16 |

## 附録 1-1 ◎『1877 年版バイシクル・オブ・ザ・イヤー』掲載の二輪車一覧表

### 1-1-1

| Bicycles of the year, 1877 | | | | | | |
|---|---|---|---|---|---|---|
| | | | | | 50インチ | 54インチ |
| 番号 | 製品名 | メーカー名 | メーカー所在地 | 車体重量［ポンド］（インチ数 車種） | 価格［£, s.］ | |
| 1 | The Wolverhampton Express (late I.O.G.T.) | Jos. Devey | Wolverhampton | | 6, 5 | 6, 5 |
| 2 | The Wolverhampton Express | Jos. Devey | Wolverhampton | | 6, 10 | 6, 10 |
| 3 | The Surprise | J. R. Whitehouse and Co. | Birmingham | | 7 | 7 |
| 4 | The Equivalen | Whitehouse and Co. | Birmingham | | 7 | 7, 10 |
| 5 | The Desideratum | Hinde, Harrington, and Co. | Wolverhampton | | 7, 15 | 8 |
| 6 | The Inflexible | Wm. Shakespear | London | | 7, 10 | 8, 10 |
| 7 | The Deacon | J. Deacon | Birmingham | | 8 | 9 |
| 8 | The Robin, or Wolverhampton Challenge | J. and A. Robinson | Wolverhampton | | 8 | 9 |
| 9 | The Zephyr | Tom Harris | London | | 9 | 9, 15 |
| 10 | The Champion | Arthur Markham | London | 42（54） | 9 | 9, 16 |
| 11 | The Cogent | Henry Clark, Cogent Bicycle Works | Wolverhampton | 44（50） | 9, 5 | 9, 15 |
| 12 | The New Criterion | A Leach | London | | 9, 10 | 10 |
| 13 | The X. L. Spider | Smith & Sons | Sheffield | 36（50） | 9, 10 | 10, 10 |
| 14 | The Euston (combination) | T. F. Toovey | Croydon | | 9, 15 | 10, 5 |
| 15 | The Swiftsure | Messrs. Haynes and Jefferis, Ariel Works | Coventry | 45-47（54） | 10, 15 | 11, 10 |
| 16 | The Eureka | T. S. Bate | Maldon, Essex | | 10 | 10, 16 |
| 17 | The Wolverhampton | George Price | Wolverhampton | | 9, 15 | 10, 5 |
| 18 | The Skeleton | Robert Dodd | Birmingham | | 10, 5 | 11, 1 |
| 19 | The Express | East Surrey Bicycle Campany | Croydon | 43（50） | 10, 10 | 11 |
| 20 | The Barlow | Messrs. Birkett and Barlow | Birmingham | | 10, 10 | 11, 10 |
| 21 | The Hallamshire | R. A. Hill and Co., Hallamshire Bicycle Works | Sheffield | 40（54 ロードスター） | 10 | 11, 10 |
| 22 | The Star (Leicester) | J. Parr | Leicester | | 11 | 12 |

# 附録

## 1

『1877 年版バイシクル・オブ・ザ・イヤー』掲載の二輪車一覧表

『1881 年版バイシクル・アンド・トライシクル・オブ・ザ・イヤー』掲載の二輪車一覧表

『1877 年版バイシクル・アンド・トライシクル・オブ・ザ・イヤー』掲載の二輪車一覧表

## 2

19 世紀自転車旅行記単行本リスト

『アウティング』誌に掲載された自転車旅行記の一覧表

坂元正樹
SAKAMOTO Masaki

一九七四年、福岡県に生まれる。
現在は、奈良大学などの非常勤講師。
京都大学大学院人間・環境学研究科博士後期課程修了。専攻は、イギリス近代史。
論文に、「John Deeにおける天体からの放射物としての光と形象――想像力の鏡としての人間」（京都大学大学院人間・環境学研究科「アングリア」刊行会、二〇〇〇年）などがある。

# 十九世紀イギリス自転車事情

二〇一五年三月二〇日初版第一刷印刷
二〇一五年三月三〇日初版第一刷発行

著者　坂元正樹
発行者　下平尾直
発行所　株式会社　共和国　editorial republica co., ltd.
東京都東久留米市本町三-九-一-五〇三　郵便番号二〇三-〇〇五三
電話・ファクシミリ　〇四二-四二〇-九九九七
郵便振替〇〇一二〇-八-三六〇一九六
http://www.ed-republica.com/

印刷……精興社
ブックデザイン……宗利淳一
DTP……木村暢恵

ISBN978-4-907986-07-0　C0022